PEQUENA INTRODUÇÃO AOS NÚMEROS

PEQUENA INTRODUÇÃO AOS NÚMEROS

Nelson Luís Dias

EDITORA
intersaberes

EDITORA intersaberes

Rua Clara Vendramin, 58 – Mossunguê
CEP 81200-170 – Curitiba – PR – Brasil
Fone: (41) 2106-4170
www.intersaberes.com
editora@editoraintersaberes.com.br

Conselho editorial
Dr. Ivo José Both (presidente)
Drª Elena Godoy
Dr. Neri dos Santos
Dr. Nelson Luís Dias
Dr. Ulf Gregor Baranow

Editor-chefe
Lindsay Azambuja

Editor-assistente
Ariadne Nunes Wenger

Preparação de originais
Raphael Moroz Teixeira

Capa
Igor Bleggi

Projeto gráfico
Sílvio Gabriel Spannenberg

Dados Internacionais de Catalogação na Publicação (CIP)
(Câmara Brasileira do Livro, SP, Brasil)

Dias, Nelson Luís
   Pequena introdução aos números/Nelson Luís Dias. – Curitiba: InterSaberes, 2014.

   ISBN 978-85-8212-783-4

   1. Matemática – Estudo e ensino 2. Números I. Título.

12-13683   CDD-510.7

Índices para catálogo sistemático:
1. Matemática: Estudo e ensino   510.7

1ª edição, 2014.
Foi feito o depósito legal.
Informamos que é de inteira responsabilidade do autor a emissão de conceitos.
Nenhuma parte desta publicação poderá ser reproduzida por qualquer meio ou forma sem a prévia autorização da Editora InterSaberes.
A violação dos direitos autorais é crime estabelecido na Lei nº 9.610/1998 e punido pelo art. 184 do Código Penal.

Sumário

9   *Apresentação*

13   Capítulo 0 – Partindo do zero
13   0.1 Números, naturalmente
14   0.2 A soma
17   0.3 A multiplicação
19   0.4 A exponenciação
23   0.5 Por que os números são como são?

25   Capítulo 1 – Novas operações e suas incríveis consequências
25   1.1 Inventando a álgebra
28   1.2 Conjuntos e elementos
31   1.3 Inventando operações inversas
34   1.4 As incríveis consequências

37   Capítulo 2 – Expandindo os horizontes da soma: os números inteiros
37   2.1 Comparando conjuntos
41   2.2 Números negativos
42   2.3 Soma e subtração, novamente
44   2.4 Rearrumando a casa
50   2.5 As equações e as regras do jogo
53   2.6 Explicando a manipulação de equações

55   Capítulo 3 – Interlúdio para dividir números naturais
55   3.1 Revendo a divisão em $\mathbb{N}$
57   3.2 Números e fatores primos

59	3.3 O MMC
63	3.4 O MDC

67	**Capítulo 4 – Expandindo os horizontes da multiplicação: os números racionais**
67	4.1 *Pizzas* e frações
69	4.2 Multiplicação e divisão, novamente
70	4.3 Tirando a poeira da divisão
73	4.4 Novíssimas inevitáveis regras
83	4.5 Escrevendo e manipulando equações
88	4.6 Fatos espetaculares

93	**Capítulo 5 – Expandindo os horizontes da exponenciação: os algoritmos de divisão e os processos de limites**
93	5.1 Números negativos, nulos e positivos
101	5.2 Os expoentes negativos e a representação dos números
118	5.3 Formalizando limites
120	5.4 Refletindo sobre o caminho percorrido

123	**Capítulo 6 – Expoentes fracionários e números irracionais**
123	6.1 A raiz quadrada
126	6.2 $\sqrt{2}$ é um número irracional
126	6.3 $\sqrt{2} - 1$ é um número irracional
131	6.4 O cálculo de raízes quadradas
139	6.5 Mais maravilhas
142	6.6 Os números irracionais
150	6.7 As operações e propriedades dos números reais

153	**Capítulo 7 – Logaritmos de números reais**
153	7.1 O que são logaritmos?
153	7.2 Transformando produtos em somas
161	7.3 Uma pequena tábua de logaritmos
167	7.4 Funções
171	7.5 Solucionando o mistério da constante k
175	7.6 Mudanças de base
179	**Capítulo 8 – Interlúdio binomial e exponencial**
179	8.1 O teorema do binômio
186	8.2 A série da função exponencial
193	**Capítulo 9 – Expandindo os horizontes da exponenciação: os números complexos**
193	9.1 Bases positivas e negativas
193	9.2 A equação do 2º grau
199	9.3 Os números complexos
206	9.4 Raízes e potências
211	**Capítulo 10 – Os expoentes imaginários**
211	10.1 A solução por definição
215	10.2 Os ciclos de $e^{\theta i}$
219	10.3 O número mais famoso do mundo
223	10.4 Desvendando $X(\theta)$ e $Y(\theta)$
226	10.5 Geometria e trigonometria
233	10.6 A forma polar
237	*Considerações finais*
238	*Referências*
239	*Sobre o autor*

*Para Luzia, Mariana, Felipe e Delmiro Torreão
Mendes Tavares Filho* (in memoriam).

Apresentação

Este livro conta a história de como os diferentes tipos de números e suas operações podem ser analisados de forma lógica. São onze capítulos no total, que começam tratando de conceitos elementares de aritmética e terminam abordando números complexos, sendo o "fio da meada" da obra as propriedades das operações aritméticas. Todas as vezes que as operações "extravasam" os conjuntos dos números em que foram definidas, há a necessidade de descobrir novos conjuntos e estabelecer novos fatos matemáticos.

É importante ressaltar que este livro raramente ultrapassa o que costuma ser ensinado até o fim do ensino médio, com a exceção do conceito de *limite*. A discussão sobre esse conceito me permitiu, de certa forma, unificar e aprofundar a apresentação de muitos tópicos que, geralmente, são ensinados sem que se recorra a ele.

Creio que *Pequena introdução aos números* é um livro diferente de todos os outros que tratam de matemática. Isso porque o estilo empregado é deliberadamente coloquial, pois evitei o uso de jargões matemáticos. Além disso, as equações não são numeradas e não há proposição de exercícios. Finalmente, se você perceber certa dificuldade para compreender a explanação, em virtude da complexidade do tema, encontrará palavras de estímulo para que prossiga mesmo assim.

Aqui, entretanto, cabe uma observação: por mais simples e clara que seja a apresentação dos assuntos matemáticos, é necessário um esforço mental considerável para acompanhar o desenvolvimento dos conteúdos. Isso é intensificado conforme a profundidade do assunto tratado, já que o leitor perceberá, na segunda parte desta obra, que as fórmulas e as equações são mais extensas e, consequentemente, requerem mais atenção e esforço para serem devidamente compreendidas. Vale salientar que, no momento em que um texto matemático deixa de ser óbvio, é preciso redobrar a atenção e, muitas vezes, lançar mão de alguns recursos, como lápis, papel e calculadora, para ser capaz de entender o conteúdo explicado.

Considerando essas observações, há na obra notas de margem para leitores mais avançados, que já tenham estudado pelo menos um ano de Cálculo em cursos universitários. Elas foram colocadas à margem justamente para não intimidar os leitores iniciantes, e seu entendimento não é necessário para a compreensão do texto. É nessas notas também que constam as citações de referências bibliográficas. Além disso, há outra questão importante: as figuras deste livro foram pensadas para tornar a leitura agradável e interessante, mas entendê-las não é fundamental para compreender os assuntos contemplados.

Para aqueles que têm pequenas ou grandes dúvidas sobre aritmética e álgebra elementar ou que têm a curiosidade de ver assuntos conhecidos abordados de maneira diferenciada, esta obra poderá ser útil. Se você, caro leitor ou leitora, terminou o ensino médio com a sensação de que a matemática é um campo vasto de conhecimentos desconectados, talvez encontre neste livro algumas indicações de unidade, elegância e simplicidade em assuntos que muitas vezes aparentam ser caóticos ou intransponíveis. Se, pelo menos, alguns leitores tiverem um "encontro feliz" com a matemática por meio deste livro, as horas que dediquei à sua escrita terão valido a pena.

Há pessoas com as quais convivo que tornaram possível escrevê-lo, seja pelo entusiasmo e pelo encorajamento, seja pela renúncia às horas que eu poderia ter lhes dedicado. Ei-las: minha irmã Maria do Rosário, presença distante, pelo apoio e força de sempre; o Dr. Igor Pisnitchenko, pela atenção dedicada à minha dedução "alternativa" de que $\sqrt{2}$ é irracional; meu grande amigo Delmiro Torreão Mendes Tavares Filho, que nos deixou em 2011 e foi uma das poucas pessoas (até agora!) a ler o manuscrito linha por linha; finalmente, a minha mulher Luzia e os meus filhos Mariana e Felipe.

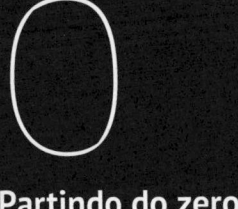

Partindo do zero

0.1 Números, naturalmente

O alfabeto dos números é composto por dez símbolos:

0, 1, 2, 3, 4, 5, 6, 7, 8, 9

Os símbolos numéricos que conhecemos não são únicos: outras civilizações inventaram símbolos diferentes para representar os mesmos números, da mesma forma que existem outros alfabetos além do latino, como o hebraico, o grego e o cirílico.

Figura 0.1 – Alfabetos grego, romano (moderno) e cirílico. Observe que não há uma correspondência rígida entre sons, posições e símbolos. As letras do alfabeto grego são muito utilizadas pela matemática. A mais famosa, como você já deve imaginar, é a letra *pi* (π).

Grego	Α Β Γ Δ Ε Ζ Η Θ Ι Κ Λ Μ Ν Ξ Ο Π Ρ Σ Τ Υ Φ Χ Ψ Ω
Romano	A B C D E F G H I J K L M N O P Q R S T U V W X Y Z
Cirílico	А Б В Г Д Ђ Е Ё Ж З И Й Ы К Л М Н О П Р С Т У Ф Х Ц Ч Ш Щ Ъ Ы Ь Є Ю Я

São dez símbolos numéricos porque temos **dez dedos**. Todos nós já contamos nos dedos, não é mesmo? É claro que não bastam dez símbolos para representar o infinito. Vamos aos poucos.

Zero – É equivalente a *nenhum*:

Eu **não tenho** qualquer boi = eu tenho **zero** boi.

Há muitos que defendem que o conceito de que o número zero é muito abstrato. Uma das justificativas para isso é que não há representação do zero em algarismos romanos. Para nós, entretanto, o zero é muito concreto. Por exemplo: quando temos "zero real", "zero carro" etc.

Seguem-se os demais **números naturais**:

1, 2, 3, 4, 5, 6, 7, 8, 9, 10, ...

O dez é diferente: tem dois símbolos; 231 tem três; 10.487, cinco. A regra, naturalmente, é registrar os símbolos lado a lado. Para que o significado disso fique perfeitamente entendido, você precisa entender melhor o significado de termos como *soma, multiplicação* e *exponenciação*. É importante mencionar que os números que são obtidos somando-se de um em um a partir do zero são denominados **naturais**. O conjunto dos números naturais é denotado pela letra $\mathbb{N}$:

$\mathbb{N} = \{0, 1, 2, 3, ...\}$

Uma última observação: talvez você note que alguns livros definem os números naturais a partir do número um em vez do zero, mas isso é uma questão de gosto e tradição.

0.2 A soma

Quando afirmamos que algo é "tão certo como um e um são dois", estamos nos referindo ao fato de que a operação de soma de dois números naturais é tão simples que chega a ser óbvia.

Partirei, portanto, da hipótese de que somar dois números naturais é uma operação fácil para você.

Existem, no entanto, algumas sutilezas que são difíceis de serem entendidas quando se aprende a somar pela primeira vez. Essas sutilezas, vale ressaltar, serão importantes para que você seja capaz de entender operações mais difíceis, envolvendo números mais complicados que os naturais. A seguir, apresentaremos alguns exemplos óbvios. Em seguida, apontarei o que eles têm de sutil e importante:

- $7 + 0 = 7$
- $5 + 3 = 3 + 5 = 8$
- $(9 + 14) + 1 = 23 + 1 = 24 = 9 + 15 = 9 + (14 + 1) = 9 + 14 + 1$

Cada linha acima ilustra, por meio de um exemplo concreto, uma propriedade da **operação soma:**

- A primeira propriedade indica que existe um elemento do conjunto $\mathbb{N}$, o zero, que é neutro na soma – **todo número natural somado a zero é igual a ele mesmo**. Livros de matemática dizem que o **zero** é, portanto, o **elemento neutro** da soma.
- A segunda linha mostra, também com um exemplo concreto, que **a ordem dos fatores de uma soma não altera o seu resultado**. Essa propriedade da soma é chamada de **propriedade comutativa**.
- Note que, ao falar de soma, inicialmente pensamos em somar **dois** números naturais. Na terceira linha e na seguinte, verificamos que podemos somar, em qualquer

ordem, três (ou mais) números naturais e que o resultado será sempre o mesmo. Essa é a **propriedade associativa**.

Figura 0.2 – Quadrados mágicos: a soma de qualquer linha, coluna e das duas diagonais resultará no mesmo número

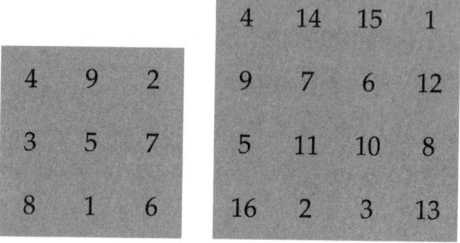

É a propriedade associativa da soma que dá o "gancho" para definirmos a multiplicação de números naturais. A partir de agora, usarei os conceitos de números naturais e de soma para gerar novas "crias". A primeira será a multiplicação. Em seguida, tratarei da exponenciação. Subtração, divisão e logaritmo serão definidos mais tarde, como operações inversas das três primeiras. Essas novas operações apresentam uma certa limitação quando subscritas ao conjunto dos números naturais, pois geram uma certa falta de simetria e de "beleza natural". Além disso, elas nos obrigarão, pouco a pouco, a definir novos conjuntos de números. Esses conjuntos surgirão também por uma questão de necessidade prática, já que existem objetos e situações reais que não podemos descrever apenas com números naturais, não estando sujeitos somente a operações de soma. Posso dizer que foi uma mistura de necessidades práticas e senso de beleza e conjunto que fez com que os matemáticos inventassem tantas "complicações", que você começará a conhecer da maneira mais descomplicada possível.

0.3 A multiplicação

Usarei o "gancho" da propriedade associativa e somarei os mesmos números várias vezes. Isso define a multiplicação! Veja os seguintes exemplos:

- $7 = 1 \times 7$
- $4 + 4 = 2 \times 4$
- $9 + 9 + 9 = 3 \times 9$
- $10 + 10 + 10 + 10 = 4 \times 10$

Multiplicar um número natural por n é somar esse número com ele mesmo n vezes. A multiplicação apresenta propriedades análogas às da soma: ela tem um **elemento neutro**, o **número um** (todo número multiplicado por um é igual a si próprio), é **comutativa** e **associativa**. Confira os exemplos:

- $7 \times 1 = 7$
- $7 \times 3 = 3 \times 7$
- $(4 \times 3) \times 5 = 4 \times (3 \times 5)$

Observe que o sinal de vezes (×) é apenas uma forma conveniente de indicar somas sucessivas. Note também que é possível **provar** essas propriedades. Em geral, desejamos que nossas provas envolvam o maior número possível de casos, mas, por enquanto, provarei a associatividade no exemplo dado na terceira linha acima:

- $(4 \times 3) \times 5 = 12 \times 5 = 60$
- $4 \times (3 \times 5) = 4 \times 15 = 60$

Observe que duas equações nas linhas acima, na verdade, são iguais:

$$(4 \times 3) \times 5 = 4 \times (3 \times 5)$$

É isso o que eu desejava provar. É tentador sugerir que você prove a comutatividade da multiplicação expandindo 7×3 e 3×7 em somas e mostrando que ambas são iguais a 21, não é mesmo? Mas talvez seja preferível que você tenha suas ideias e proponha seus próprios desafios.

Figura 0.3 – A tabuada: note que os elementos em cinza claro são simétricos em relação aos que estão em cinza escuro. Isso é uma consequência da propriedade comutativa.

×	1	2	3	4	5	6	7	8	9	10
1	1	2	3	4	5	6	7	8	9	10
2	2	4	6	8	10	12	14	16	18	20
3	3	6	9	12	15	18	21	24	27	30
4	4	8	12	16	20	24	28	32	36	40
5	5	10	15	20	25	30	35	40	45	50
6	6	12	18	24	30	36	42	48	54	60
7	7	14	21	28	35	42	49	56	63	70
8	8	16	24	32	40	48	56	64	72	80
9	9	18	27	36	45	54	63	72	81	90
10	10	20	30	40	50	60	70	80	90	100

A soma e a multiplicação "geram" mais uma "cria" matemática: a **propriedade distributiva**. A distributividade entre soma e adição é ilustrada pelo seguinte exemplo:

$4 \times (3+5) = 4 \times 3 + 4 \times 5$

Para prová-la no exemplo a seguir, mostre que ambos os lados são iguais:

- $4 \times (3+5) = 4 \times 8 = 32$
- $4 \times 3 + 4 \times 5 = 12 + 20 = 32$

Até aqui, nossas provas foram simples. Quando você precisar fazer uma conta de supermercado que envolva muitas somas e produtos, as propriedades explicadas anteriormente o ajudarão!

0.4 A exponenciação

Repetindo somas, inventou-se a multiplicação. Ambas apresentam elementos neutros **(o 0 e o 1)**, são **comutativas** e **associativas** e, entre elas, "nasce" a **propriedade distributiva**. Será que, repetindo-se multiplicações, é possível chegar a algo novo? Sim!

- $9 \times 9 = 9^2 = 81$ (nove ao quadrado)
- $4 \times 4 \times 4 = 4^3 = 64$ (quatro ao cubo)
- $2 \times 2 \times 2 \times 2 = 2^4 = 16$ (dois à quarta potência)

A nova operação, ilustrada anteriormente, chama-se **exponenciação**. Multiplicar um número natural por ele próprio n vezes significa **elevar** esse número à enésima potência. O número que está sendo multiplicado chama-se *base*, e o número de vezes que ele está sendo multiplicado chama-se *expoente*. Veja:

4^3

Nesse exemplo, a base da operação de exponenciação é **4**, e o expoente é **3**. Ressalto que a exponenciação não é comutativa nem associativa!

- $4^3 = 64 \neq 81 = 3^4$
- $(4^3)^2 = 4.096 \neq 262.144 = 4^{(3^2)}$

Na matemática, quando descobrimos pelo menos um caso em que determinada regra não funciona, há um **contraexemplo**. Os exemplos citados para mostrar que a exponenciação não é comutativa nem associativa são contraexemplos. Ao contrário da língua portuguesa, a matemática é uma **ciência exata**, ou seja, as regras **não admitem exceções**. Uma única exceção destruiria a regra e ela não poderia mais ser usada.

Precisamos, portanto, "descobrir" regras novas que expliquem a exponenciação. A regra mais interessante pode ser ilustrada no seguinte exemplo:

$$4^3 \times 4^2 =$$
$$(4 \times 4 \times 4) \times (4 \times 4) =$$
$$4 \times 4 \times 4 \times 4 \times 4 = 4^5$$

O produto de dois números na mesma base (4) é sempre igual a essa base elevada à soma dos expoentes:

$$4^3 \times 4^2 = 4^{3+2} = 4^5$$

A outra regra existente diz respeito a exponenciações sucessivas. Você já sabe que a exponenciação não é associativa, certo? Note, entretanto, o seguinte:

$$(4^3)^2 =$$
$$(4 \times 4 \times 4) \times (4 \times 4 \times 4) =$$
$$(4 \times 4 \times 4 \times 4 \times 4 \times 4) = 4^6$$

Elevar determinado número a um expoente e, em seguida, elevar o resultado a outro expoente é o mesmo que elevar o número ao produto dos dois expoentes. Veja:

$(4^3)^2 = 4^{3 \times 2} = 4^6$

Isso não é tão complicado quanto parece, não é mesmo? Usar a mesma base o ajuda a efetuar multiplicações, já que é mais simples somar $3 + 2$ do que calcular o produto $4^3 \times 4^2 = 64 \times 16$. A ideia de base também ajuda na representação de números. Como dispõe de dez símbolos (0, 1, 2, 3, 4, 5, 6, 7, 8 e 9), você pode escrever os números mais facilmente na base **dez**. Lembre-se:

$10^0 = 1$
$10^2 = 10 \times 10 = 100$
$10^5 = 10 \times 10 \times 10 \times 10 \times 10 = 100.000$

Conte os zeros: não é por coincidência que 10^0 tem "zero" zero, 10^2 tem dois zeros e 10^5 tem cinco zeros. É sempre assim. Caso você tenha notado, a primeira linha deste parágrafo contém uma nova regra: dez elevado a zero é igual a um. Na verdade, **qualquer número positivo elevado a zero é igual a um**:

$14^0 = 1$
$2^0 = 1$
$10^0 = 1$

Por quê? Para que valha a regra em que **o produto de números na mesma base é igual à base elevada à soma dos expoentes**. Lembre-se:

- $4^3 \times 4^2 = 4^5$,
- $10^6 \times 10^2 = 10^8$

Mas:

$2^4 \times 1 = 2^4$

Isso porque qualquer número multiplicado por um é igual a si próprio. O problema é que o número 1, na equação anterior, não está escrito na base 2. Consertarei isso:

$$2^4 \times 2^? = 2^4$$

Nesse caso, desejo que:

$$2^? = 1$$

Para que a regra de soma dos expoentes seja válida, é preciso que:

$$4 + ? = 4$$

Como sabemos que todo número somado a zero é igual a ele próprio, é óbvio que:

$$? = 0$$

Ou seja:

$$1 = 2^? = 2^0$$

É isso o que eu pretendia demonstrar!

Talvez você não tenha notado, mas a regra $2^0 = 1$ é uma consequência das seguintes operações: $2^4 \times 1 = 2^4$ e $4 + 0 = 4$.

Operações matemáticas simples são especiais: mesmo regras simples e óbvias, como a existência de elementos neutros para a soma e a multiplicação, podem ter consequências surpreendentes. Não é por acaso que um número positivo elevado a zero é igual a um. Esse resultado é uma consequência **lógica** das regras que vimos anteriormente! Para que a matemática seja consistente e suas regras valham sempre e não sejam contraditórias, é preciso que essa pequena maravilha ocorra: $2^0 = 1$.

0.5 Por que os números são como são?

Figura 0.4 – Nós usamos a base 10 porque temos **dez dedos**. Contar nos dedos é uma boa estratégia a ser utilizada em casos em que o resultado seja igual a 10 ou, no máximo, a 20. Para a resolução de operações mais complexas, a melhor solução é decorar a tabuada!

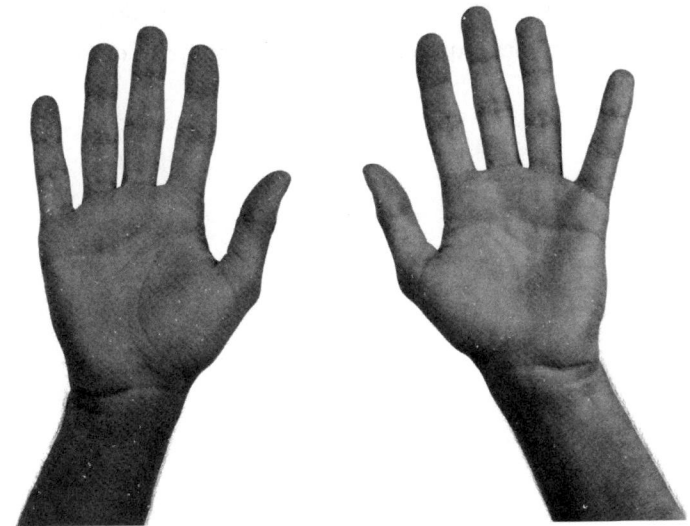

Crédito: Fotolia

A Seção 0.4 foi necessária para que você descobrisse qual é a regra (sim, mais uma regra!) para reutilizar os símbolos que mencionei no começo do capítulo. Agora que revisamos soma, multiplicação e exponenciação, que sabemos que 10 é uma base possível e que $10^0 = 1$, eis o segredo da representação decimal:

- $0 = 0 \times 10^0$
- $9 = 9 \times 10^0$
- $10 = 1 \times 10^1 + 0 \times 10^0$

- $231 = 2 \times 10^2 + 3 \times 10^1 + 1 \times 10^0$
- $10.487 = 1 \times 10^4 + 0 \times 10^3 + 4 \times 10^2 + 8 \times 10^1 + 7 \times 10^0$

Concluímos, então, que usamos dez símbolos porque temos dez dedos. Além disso, você descobriu uma regra muito lógica e eficiente para escrever números depois de ter entendido a fundo somas, multiplicações e exponenciações. Vale salientar que, no dia a dia, é comum que automatizemos esses fundamentos em nossa mente e acabemos nos esquecendo da profundidade (e da beleza) que está por trás dos números que usamos.

1
Novas operações e suas incríveis consequências

1.1 Inventando a álgebra

No capítulo anterior, você descobriu a regra que justifica que $2^0 = 1$ para manter a "compatibilidade" com todas as regras anteriores.

Tudo começou com a seguinte operação:

$$2^4 \times 2^? = 2^4$$

Embora não tenha mencionado, a equação anterior é **algébrica**. Assim, a **incógnita** da equação é o símbolo "?". Na matemática, esse símbolo é usado para indicar um número desconhecido ou para indicar todo um **conjunto possível** de valores. Você precisa saber distinguir quando os símbolos que usa têm uma ou outra função, e isso nem sempre é fácil, já que é possível escrever equações inteiras com **letras** em vez de números. Para isso, são usadas as letras do alfabeto latino ($a, b, c, \ldots$), mas também é muito comum o emprego de letras gregas ($\alpha, \beta, \gamma, \ldots$). Para não causar muita confusão, começarei utilizando o próprio alfabeto romano, acrescido das letras k, w e y, que não são muito usadas na língua portuguesa, mas que aparecem com frequência em outras línguas, como inglês, espanhol e francês.

Assim, se eu utilizar o x em vez de ? na equação anterior, obterei o seguinte:

$$2^4 \times 2^x = 2^4,$$

em que:

$$2^x = 1$$

Pela regra da soma de expoentes, temos:

$$4 + x = 4$$

Então:

$$x = 0$$

No desenvolvimento matemático anterior, x é a incógnita cujo valor desejo identificar. Você já sabe que qualquer número natural positivo elevado a zero é igual a um, certo? Por exemplo: eu poderia repetir as equações anteriores usando a base 10 em vez da base 2. Os resultados seriam iguais. Que tal repetir tudo em uma base qualquer? Chamarei essa base de a. Assim, escrevo:

$$a^4 \times 1 = a^4$$

E pergunto: quanto é o número 1 na base a?

Note que a não é uma incógnita, e sim um símbolo que indica qualquer número natural positivo. Agora escrevo:

$$a^4 \times a^x = a^4,$$

em que:

$$a^x = 1$$

Novamente, para que a regra da soma de expoentes seja válida, é preciso que:

$$4 + x = 4$$

Logo, $x = 0$, como antes. Está praticamente provado que $a^0 = 1$, qualquer que seja o número natural a positivo (a não pode ser zero por motivos que veremos mais adiante, no Capítulo 6 – "Expoentes fracionários e números irracionais"). O que torna a demonstração desse fato demasiadamente "particular" é que usei um expoente 4 na primeira linha. No entanto, o "espírito" da álgebra – bem como seu poder – é tornar as propriedades das equações o mais gerais possível, por meio de **símbolos**. Mas tenha cuidado: nunca use o mesmo símbolo para dois ou mais elementos **diferentes** nem mude o símbolo de determinado elemento no "meio do caminho"! Fazer isso é uma receita certa para o fracasso.

Mostrarei agora, de forma geral, como é possível provar que qualquer número natural positivo elevado a 0 é igual a 1. Considere um número natural positivo a qualquer e um expoente y que também seja um número natural qualquer. Como você já viu diversas demonstrações, apenas escreverei, a seguir, as linhas que a compõem.

$a^y \times 1 = a^y$
$a^y \times a^x = a^y$, em que $a^x = 1$
$y + x = y$
$x = 0$ para qualquer y
logo: $a^0 = 1$

Note que a álgebra é um instrumento muito mais poderoso que a aritmética. Com ela, podemos fazer afirmações muito mais genéricas, enquanto, com exemplos numéricos, nunca poderemos ter certeza de sua validade em todas as situações.

1.2 Conjuntos e elementos

Não é possível definir o que é um conjunto. Mas isso não deve ser causa de preocupação. Você já sabe o que é um conjunto, não é mesmo? Seguem dois exemplos:

- um conjunto de livros;
- um conjunto de meias.

Esses conjuntos são perfeitamente específicos, certo? Para se especificar um conjunto, basta dizer quais são os **elementos** que o compõem. Alguns conjuntos, entretanto, têm um número enorme de elementos, sendo impossível listá-los. Além disso, em alguns casos, sequer conhecemos todos os elementos de um conjunto!

Por exemplo: imagine o conjunto de todas as estrelas do universo. Esse conjunto existe, pois o universo existe e é composto de estrelas. Todavia, você não sabe quantas estrelas há, de fato, nem quais são, pois os astrônomos não descobriram todas as estrelas que existem. Uma característica do ser humano, especialmente dos matemáticos, é imaginar fenômenos grandiosos, dessa natureza. Mas isso é bom, pois nos inspira a pensar em objetos e a buscar saber mais sobre eles.

Não é preciso listar os elementos de um conjunto **em ordem**, mesmo porque não há uma ordem "natural" para livros ou meias. Em geral, os elementos de um conjunto são especificados entre **chaves**, separados por **vírgulas**. No caso de **conjuntos pequenos**, é possível listar todos os seus elementos. Assim, podemos citar o conjunto das cores da bandeira do Brasil:

- {azul, verde, amarelo, branco};
- {verde, amarelo, azul, branco};

Os itens anteriores compõem o mesmo conjunto. No caso de conjuntos muito grandes, contudo, é impossível listar todos os seus elementos, de modo que procuramos descrevê-los da maneira mais clara possível. Muitas vezes, a ordem desses elementos (caso haja uma) pode, até mesmo, ajudar! Por isso, o conjunto dos números naturais é indicado da seguinte forma:

$$\mathbb{N} = \{\,0, 1, 2, 3, 4, \ldots\,\}$$

Como você já sabe, conjuntos são compostos por **elementos**, de forma que sempre é possível dizer se um determinado elemento pertence ou não a um determinado conjunto. Eis alguns exemplos óbvios:

- O planeta Terra não pertence ao conjunto de todas as estrelas do universo.
- A cor azul pertence ao conjunto das cores da bandeira do Brasil.
- O número 1 pertence ao conjunto dos números naturais.

Você já sabe usar símbolos para expressar regras matemáticas, não é mesmo? Assim, se um elemento x pertence a um conjunto A, escrevo:

$$x \in A$$

Mas se x não pertence ao conjunto A, escrevo:

$$x \notin A$$

Existem outros símbolos matemáticos que se tornaram praticamente universais. Eles têm o mesmo significado para matemáticos chineses, brasileiros ou finlandeses e ajudam-nos a escrever **sentenças matemáticas** de maneira mais **resumida**. Entre esses símbolos – que, vale mencionar, são muitos – estão: $\forall x$ (significa "qualquer que seja x"); | (significa "tal que"); e $\Rightarrow$ (significa "então" ou "tem como resultado"). Dessa forma, a afirmação

> qualquer que seja o número natural a, tal que a é positivo, então a elevado a zero é igual a um

pode ser escrita da seguinte forma:

$$\forall a \in \mathbb{N} \mid a > 0 \Rightarrow a^0 = 1$$

Essa sentença também pode ser abreviada para:

$$\forall a > 0 \in \mathbb{N} \Rightarrow a^0 = 1$$

Espero que esse exemplo simples dê uma ideia de como é possível escrever sentenças matemáticas de uma forma compacta e, ao mesmo tempo, clara!

Até agora, o único conjunto realmente importante que mencionamos foi o dos números naturais. Dentro desse conjunto, você já conhece três operações (soma, multiplicação e exponenciação) e algumas de suas propriedades. Agora que você já sabe álgebra, listarei as referidas propriedades usando símbolos. Se x, y, z são números naturais e a é um número natural positivo ($a > 0$), então:

Elemento neutro da soma	$x + 0 = x$
Comutatividade da soma	$x + y = y + x$
Associatividade da soma	$(x + y) + z = x + (y + z)$
Elemento neutro da multiplicação	$x \times 1 = x$
Comutatividade da multiplicação	$x \times y = y \times x$
Associatividade da multiplicação	$(x \times y) \times z = x \times (y \times z)$

Propriedade distributiva	$x \times (y+z) = x \times y + x \times z$
Expoente zero	$a^0 = 1$
Produto na mesma base	$a^x \times a^y = a^{x+y}$
Exponenciações sucessivas	$(a^x)^y = a^{x \times y}$

Até aqui, todas as operações apresentam uma propriedade muito importante que os matemáticos chamam de *fechamento*: a soma, o produto ou a exponenciação de dois números naturais é, novamente, um número natural. Isso pode ser expresso em linguagem algébrica da seguinte forma:

- $x, y \in \mathbb{N}$ $\Rightarrow$ $x + y \in \mathbb{N}$
- $x, y \in \mathbb{N}$ $\Rightarrow$ $x \times y \in \mathbb{N}$
- $x, y \in \mathbb{N}$ e $x > 0$ $\Rightarrow$ $x^y \in \mathbb{N}$

1.3 Inventando operações inversas

As operações de soma, multiplicação e exponenciação, que são tão bem comportadas quando restritas ao conjunto $\mathbb{N}$ dos números naturais, marcam o começo do caos e da confusão, o que nos forçará a trabalhar com conjuntos **maiores que** $\mathbb{N}$. A culpa é das **operações inversas**.

Subtração: na vida, há perdas e ganhos. Assim, utilizaremos outro exemplo simples. Se um homem tem 31 bois e perde 3 de morte natural, fica com 28 bois, ou seja:

$$31 - 3 = 28$$

Esse é um exemplo de **subtração**. É possível exprimir essa operação em termos da soma da seguinte maneira:

Que número somado a 3 é igual a 31?

Note que mencionei apenas os números 31 e 3 e afirmei que a soma de um certo número com 3 deve ser igual a 31. Na linguagem algébrica:

$$31 - 3 = z \text{ se e somente se } 31 = z + 3$$

A expressão *se e somente se* é utilizada para definir uma nova operação, a subtração, em relação a uma que você já conhece.

Divisão: também é possível dividir. Se o fazendeiro do exemplo anterior tem quatro filhos e quer se aposentar, ele pode dar para cada filho a seguinte quantidade de bois:

$$28 \div 4 = 7$$

Esse foi um exemplo de divisão. Posso exprimir a divisão em termos de multiplicação da seguinte maneira:

Que número multiplicado por 4 é igual a 28?

Já na linguagem algébrica:

$$28 \div 4 = z \text{ se e somente se } 28 = z \times 4$$

Você deve ter notado que ainda estou usando exemplos **numéricos**. Isso é proposital, pois quero ser concreto enquanto isso for possível. Adiante, entretanto, serei mais geral com as operações.

Nesse contexto, qual é o inverso da exponenciação? É o **logaritmo**. Para esclarecer o conceito de logaritmo, cito o seguinte exemplo: suponha que você comece a montar um canil com apenas um casal de cães e que, a cada ano, o número total desses animais dobre por meio de cruzamentos. Dessa forma, no primeiro ano, você terá 2 cães, um macho e uma fêmea; no segundo, $2 \times 2 = 2^2 = 4$ cães; no terceiro, $2 \times 2 \times 2 = 2^3 =$

8 cães. Considerando essas afirmações, faço a seguinte pergunta: em quantos anos você terá 32 cães?

Resposta: $\log_2 32 = 5$.

A operação anterior significa o seguinte: o logaritmo na base 2 de 32 é igual a 5.

Assim como fiz com as operações inversas de subtração e divisão, é possível definir o logaritmo em função da exponenciação. Dessa maneira, para calcular o logaritmo na base 2 de 32, faço a seguinte pergunta: a que expoente devo elevar o número 2 para obter 32?

Em linguagem algébrica:

$\log_2 32 = z$ se e somente se $2^z = 32$

Assim, é fácil verificar que 2^5 é, de fato, igual a 32.

Figura 1.1 – A operação inversa de $y = x + 2$: o gráfico (a) mostra o valor de y para $x = 0, 1, 2, 3, 4, 5, 6, 7, 8$; a operação inversa pode ser representada geometricamente por uma rotação de 90°, que transforma (a) em (b), e por uma reflexão em torno do eixo vertical, que transforma (b) em (c); agora, o eixo y está na horizontal, e o gráfico (c) representa a operação inversa $x = y - 2$ para $y = 2, 3, 4, 5, 6, 7, 8, 9, 10$.

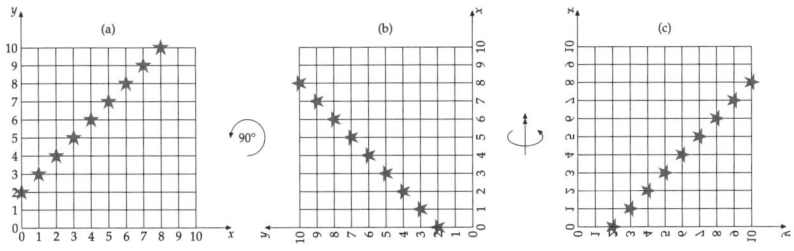

1.4 As incríveis consequências

Infelizmente, as operações inversas criam confusões. Além disso, é mais difícil calculá-las, conforme você já deve ter verificado ao tentar subtrair, dividir ou, ainda, calcular logaritmos. As propriedades da soma, da multiplicação e da exponenciação nem sempre se estendem à subtração, à divisão e ao logaritmo. Para piorar, quando realizamos as operações inversas entre números naturais, encontramos resultados que **não** são números naturais. Vejamos, a seguir, alguns exemplos.

Quebra de simetria: ao contrário da soma, a subtração **não é comutativa**. Já que, para "destruir" uma regra, basta um contraexemplo, confira as seguintes equações:

$$31 - 3 = 28 \neq 3 - 31 = -28$$

Nós sequer sabemos ainda o que significa -28. O mesmo problema ocorre com a divisão, que também não é comutativa:

$$28 \div 4 = 7 \neq 4 \div 28 = 1/7$$

Novamente, apareceu um número (1/7) que ainda não conhecemos. Na verdade, estamos diante do fato mais interessante (ainda que um pouco amedrontador) relacionado às operações inversas: elas geram resultados que **não são números naturais**.

Perda do fechamento: subtrações, divisões ou logaritmos que envolvem números naturais têm, como resultado, números que, muitas vezes, não são naturais, como evidenciam os seguintes exemplos:

- $3 - 31 = -28 \notin \mathbb{N}$
- $4 \div 28 = 1/7 \notin \mathbb{N}$
- $\log_2 5 = 2{,}32192809488\ldots \notin \mathbb{N}$

Esses três exemplos foram escolhidos propositadamente: no primeiro, −28 não é um número natural, isto é, não pertence ao conjunto $\mathbb{N}$: $-28 \notin \mathbb{N}$. O número −28 é o que chamamos de *número inteiro*. No segundo exemplo, 1/7 não é um número inteiro, como deve ser óbvio para você: 1/7 é uma fração. Dizemos, então, que 1/7 é um número *racional*.

Finalmente $\log_2 5$, não é sequer um número racional: é impossível definir esse número como uma razão (isto é, uma divisão) entre dois números inteiros. As reticências no terceiro exemplo indicam que 2,32192809488 é apenas um valor **aproximado** para $\log_2 5$. Números que não podem ser escritos como a razão de dois inteiros são chamados *irracionais*.

Imagino que essas explicações pareçam um pouco ameaçadoras, mas a única maneira de encontrarmos resultados para nossas operações é trabalharmos em conjuntos bem maiores que o dos números naturais. Agora, você é capaz de compreender quais são as consequências das operações inversas: elas nos levam a descobrir novos entes matemáticos, ou seja, novos conjuntos que contenham todos os resultados dos quais necessitamos.

> Se $x = \log_2 5$, $2^x = 5$; suponha que $x = p/q$, onde p e q são inteiros e a fração está em sua forma mais simples. Não existem p, q tais que $2^p = 5^q$, o que contraria a hipótese sobre x.

2 Expandindo os horizontes da soma: os números inteiros

2.1 Comparando conjuntos

No Capítulo 1, vimos relações de pertinência entre elementos e conjuntos, isto é, dados um certo elemento x e um conjunto A, duas coisas podem acontecer: x pertencer a A ou não.

$x \in A$ ou $x \notin A$

Relembrando:

- vermelho $\notin$ o conjunto das cores da bandeira do Brasil
- $1 \in \mathbb{N}$
- $\log_2 5 \notin \mathbb{N}$

Conjunto vazio: trata-se de uma espécie de saco vazio, ou seja, é um conjunto que não contém qualquer elemento. Existem duas maneiras de denotarmos um conjunto vazio:

$\emptyset$ e $\{\ \}$

Por definição, qualquer que seja o elemento x (uma cor, um número natural, uma meia etc.), x não pertence ao conjunto vazio, ou seja:

$\forall x,\ x \notin \emptyset$

Embora pareça não ter qualquer utilidade, o conjunto vazio serve para exprimir certos fatos importantes. Considere, por exemplo, a seguinte equação:

$$7 + x = 4$$

Não existe um número natural x que satisfaça essa equação: a soma de qualquer número natural com 7 só pode ser igual ou maior que 7, não é mesmo? Dizemos, então, que o conjunto dos números naturais que são a solução da equação anterior é **vazio**. Isso é expresso simbolicamente da seguinte forma:

$$\{x \in \mathbb{N} \mid 7 + x = 4\} = \emptyset$$

e deve ser lido como:

"o conjunto dos números naturais x, tais que $7 + x = 4$, é vazio".

Também veremos neste capítulo que existe um conjunto "maior" que $\mathbb{N}$, o **conjunto dos números inteiros**, que contém a solução da equação acima. É provável que você já saiba ou esteja imaginando: a solução da referida equação é o número inteiro **−3**.

Os matemáticos não gostam de falar que "um conjunto é maior que" ou "menor que" outro; eles preferem dizer que "um conjunto **contém**" ou "**é contido** por" outro. A razão disso é que, ao contrário dos números que apresentam uma ordem bem clara (0 é menor que 1, que é menor que 2 etc.), é possível que um conjunto não seja nem menor, igual ou maior que outro! Explicarei de maneira mais clara a seguir.

Relações entre conjuntos: dois conjuntos são **iguais** se eles têm todos os elementos em comum, como em:

{azul, branco, verde, amarelo} = {verde, amarelo, azul, branco}

O conjunto A está **contido** no conjunto B, se todos os elementos de A também pertencem a B. Nesse caso, escreve-se $A \subset B$. Eis a forma simbólica de exprimirmos que A está contido em B:

$A \subset B$ se $\forall x \in A \Rightarrow x \in B$

Por exemplo:

{azul, branco} $\subset$ {verde, amarelo, azul, branco}

Algumas vezes nos referimos ao mesmo fato na **ordem inversa**, dizendo que B **contém** A, ou seja, $B \supset A$. No exemplo anterior:

{verde, amarelo, azul, branco} $\supset$ {azul, branco}

É possível, entretanto, que um conjunto não contenha nem seja contido por outro. Como exemplos, veja os seguintes conjuntos:

A = {verde, amarelo, azul, branco}
B = {vermelho, azul, branco}

A e B se referem às cores das bandeiras do Brasil e do Paraguai, respectivamente. Assim, o conjunto A não contém B, pois **vermelho** não pertence a A. Da mesma forma, B não contém A, pois **amarelo** e **verde** não pertencem a B.

A união de dois conjuntos é o conjunto formado por todos os elementos de um e de outro. No exemplo acima:

$A \cup B$ = {verde, amarelo, azul, branco, vermelho}

Ou, em linguagem simbólica:

$A \cup B = \{x \mid x \in A \text{ ou } x \in B\}$

Figura 2.1 – Operações entre conjuntos: (a) **união**, representada pela área total em cinza-claro, e (b) **interseção**, representada pela área em cinza-escuro. Se as áreas das figuras A e B são $S(A)$ e $S(B)$, a área da união é $S(A \cup B) = S(A) + S(B) - S(A \cap B)$.

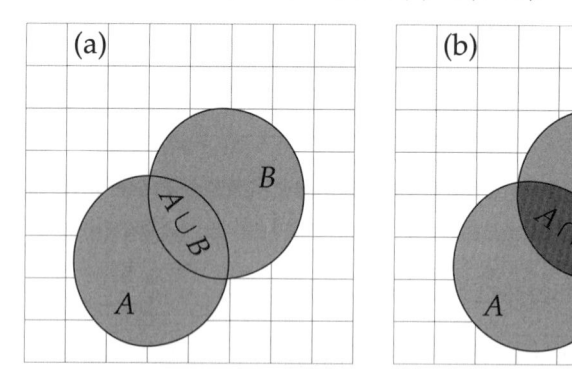

A **interseção** de dois conjuntos é o conjunto com os **elementos comuns**. No exemplo anterior:

A ∩ B = {azul, branco}

Utilizando símbolos:

$A \cap B = \{x \mid x \in A \text{ e } x \in B\}$

Entender as relações entre conjuntos, em geral, ajuda-nos a entender os novos conjuntos de números que estão por vir, bem como as operações entre eles.

2.2 Números negativos

No sul do Brasil ou em regiões muito altas, como o Parque Nacional de Itatiaia, às vezes a temperatura permanece **abaixo de zero**. Zero grau Celsius (0 °C) é, por definição, a temperatura em que a água congela (a uma pressão atmosférica padrão, mas não vamos nos aprofundar nesse assunto). Para que produza gelo, o congelador de sua geladeira ou *freezer* deve ser mantido a uma temperatura menor que zero, cerca −4 °C a −10 °C. Outro exemplo: a geada ocorre no Sul, quando a temperatura, durante a noite, fica abaixo de zero, isto é, fica **negativa**.

Figura 2.2 – Termômetro de mercúrio marcando −2°C

Outra utilidade óbvia dos números negativos é indicar **dívidas**. Quando as dívidas são maiores que o patrimônio de uma pessoa, dizemos que seu patrimônio é **negativo**.

Esses exemplos mostram que a utilização de **um sinal de menos** (−) na frente de números pode ser útil em muitas situações. Sabemos que −28 não é um número natural. É preciso "inventar" (ou descobrir) um conjunto mais amplo que contenha números negativos. Esse conjunto chama-se *conjunto dos números inteiros*, e seu símbolo é a letra $\mathbb{Z}$:

$$\mathbb{Z} = \{ ..., -3, -2, 1, 0, +1, +2, +3, ...\}$$

Note que os números positivos, que foram escritos com **um sinal de mais** (+), juntamente com o zero, nada mais são do que o bom e velho conjunto dos números naturais. Note que todos os elementos de $\mathbb{N}$ também pertencem a $\mathbb{Z}$:

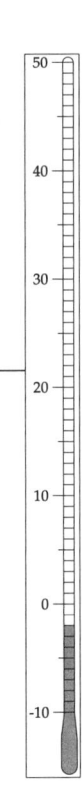

- $8 \in \mathbb{N}$ e $8 \in \mathbb{Z}$
- $0 \in \mathbb{N}$ e $0 \in \mathbb{Z}$
- $101 \in \mathbb{N}$ e $101 \in \mathbb{Z}$

Entretanto, o contrário não é verdadeiro: $-3 \in \mathbb{Z}$, mas $-3 \notin \mathbb{N}$. Dessa maneira, podemos dizer que o conjunto dos números naturais está contido no conjunto dos números inteiros:

$$\mathbb{N} \subset \mathbb{Z}$$

2.3 Soma e subtração, novamente

Você se lembra de termos definido a subtração em termos da soma, certo?

$$31 - 3 = z \text{ se e somente se } 31 = z + 3$$

Nós gostaríamos que essa regra valesse de forma geral, de modo que usamos símbolos:

$$x - y = z \text{ se e somente se } x = z + y$$
$$x - y = z \Leftrightarrow x = z + y$$

Na segunda linha, usei o símbolo $\Leftrightarrow$, que aparece muitas vezes e tem o significado de *se e somente se*, obviamente. Muitos de nós aprendemos essa regra expressa nas seguintes palavras:

> Quando passamos uma grandeza com sinal de menos para o outro lado do símbolo de igual (=), trocamos seu sinal (e vice-versa).

Agora, você é capaz de compreender que essa regra nada mais é do que a própria **definição** da operação de subtração! Mas ela não basta, pois sua aplicação leva a expressões como

$4 - 7 = z$,

que não têm significado em termos de números naturais. O que fazer diante disso? Note o que acontece no caso particular $x = 0$, $y = 4$:

$0 - 4 = z$

Não há nenhum número natural que, somado a quatro, seja igual a zero; logo, z não pode ser um número natural. A maneira de resolver esse problema é reconhecer que z é o número inteiro -4. Eis, portanto, a regra que nos falta: se y é um número natural, $(-y)$ é um número inteiro e

$0 - y = (-y)$

Isso resolve nossos problemas. Se aplicarmos a regra $x - y = z \Leftrightarrow x = z + y$ à equação acima, obteremos:

$0 - y = (-y) \Leftrightarrow 0 = (-y) + y$

Na verdade, esta é a regra que nos faltava no contexto dos números naturais, mas que vale para os números inteiros:

> Para todo número inteiro y, existe um número inteiro simétrico $(-y)$, tal que $y + (-y) = 0$.

Por exemplo:

- $8 + (-8) = 0$
- $20 + (-20) = 0$

Agora, subtrair passou a ser simplesmente **somar com o simétrico**! Veja:

$12 - 7 = 12 + 0 - 7 = 12 + (0 - 7) = 12 + (-7)$

Ou, em geral:

$$x - y = x + 0 - y = x + (0 - y) = x + (-y)$$

2.4 Rearrumando a casa

Vamos parar um pouco para pensar no que fizemos: reajustamos as regras da soma e da subtração, de modo que, agora, todas as subtrações fazem sentido. No exemplo:

$$3 - 31 = -28$$

Há, agora, um significado perfeitamente claro, porque -28 é um número válido. Para que isso aconteça, entretanto, precisamos trabalhar com o conjunto $\mathbb{Z}$ dos números inteiros.

A subtração continua sendo uma operação não comutativa:

$$31 - 3 \neq 3 - 31$$

Contudo, não se preocupe, pois a subtração, na verdade, é o mesmo que **somar com o simétrico**. A partir do momento em que dispomos de números negativos, só precisamos da soma, e esta sempre é **comutativa**. Veja só:

$$31 + (-3) = (-3) + 31$$
$$3 + (-31) = (-31) + 3$$

Seguem-se os fatos **novos** fundamentais relacionados à operação de soma (e subtração) até agora:

- O conjunto com que trabalhamos é o conjunto $\mathbb{Z}$ dos números inteiros:

$$\mathbb{Z} = \{ \ldots, -3, -2, -1, 0, +1, +2, +3, \ldots \}$$

- Passa a existir sempre um simétrico: para todo número inteiro x, existe seu simétrico $-x$, de tal maneira que:

$$x + (-x) = 0$$

- Finalmente, a subtração passa a ser definida como a soma com o simétrico:

$$x - y = x + (-y)$$

Com essas regras, sempre poderemos somar e subtrair números inteiros. E o resultado, vale salientar, continuará sendo um número inteiro:

$$\forall x, y \in \mathbb{Z} \Rightarrow (x + y) \in \mathbb{Z}$$

Apesar de a propriedade acima se parecer com uma afirmação sobre os números naturais que vimos no Capítulo 0, note que, agora, ela inclui a **subtração**. Assim, a subtração de dois números inteiros é, novamente, um número inteiro, porque subtrair, como acabamos de ver, é a mesma coisa que **somar com o simétrico**.

Esse é o conjunto mínimo de regras novas de que necessitamos para "manter a casa em ordem", mas lembre-se de que a soma, a multiplicação e a exponenciação tinham uma série de regras quando aplicadas aos números naturais. Desejamos manter essas regras quando trabalharmos com os números inteiros. Esse é um caminho natural na matemática: sempre se procura estender o maior número possível de regras aos novos domínios. No nosso caso, desejamos estender as propriedades válidas para os números naturais para os números inteiros, adicionando **novas** regras que valem apenas para estes últimos.

Segue-se o nosso conjunto "aumentado" de regras: se x, y e z são números inteiros, então:

Elemento neutro da soma	$x + 0 = x$
Comutatividade da soma	$x + y = y + x$
Associatividade da soma	$(x + y) + z = x + (y + z)$
Elemento simétrico	$x + (-x) = 0$
Definição da subtração	$x - y = x + (-y)$

Elemento neutro da multiplicação	$x \times 1 = x$
Comutatividade da multiplicação	$x \times y = y \times x$
Associatividade da multiplicação	$(x \times y) \times z = x \times (y \times z)$
Propriedade distributiva	$x \times (y + z) = x \times y + x \times z$

Além disso, se a é um número inteiro positivo e x e y são números naturais, então:

Expoente zero	$a^0 = 1$
Produto na mesma base	$a^x \times a^y = a^{x+y}$
Exponenciações sucessivas	$(a^x)^y = a^{x \times y}$

Vale a pena voltarmos à Seção 1.3 ("Inventando operações inversas"), na qual estão listadas as propriedades para os números naturais. Note que as duas listas são praticamente iguais: o que fiz foi incluir a propriedade de existência de um elemento simétrico (que, obviamente, não pode ser verdadeira para os números naturais) e a definição da subtração. Veja também que só podemos definir a subtração dessa maneira graças à existência de elementos simétricos no conjunto dos números inteiros.

Outra observação importante se refere ao fato de que estou sendo cauteloso no que se refere à extensão da exponenciação para os números inteiros: a base deve ser positiva, e os expoentes devem ser números naturais – o que, na prática, significa que só é possível exponenciar os mesmos números naturais de antes. Isso porque um simples expoente negativo nos levaria longe demais, nesse ponto. Os expoentes negativos serão introduzidos no Capítulo 5; os fracionários aparecerão no Capítulo 6; o motivo para bases positivas, no Capítulo 7; por fim, uma generalização completa da operação de exponenciação será discutida no Capítulo 10.

Um esclarecimento: na Seção 2.3 ("Soma e subtração, novamente"), a subtração foi definida como:

$$x - y = z \Leftrightarrow x = y + z$$

No entanto, agora, a subtração é definida em termos de soma com o simétrico:

$$x - y = z \Leftrightarrow x + (-y) = z$$

Afinal, qual é a relação entre as duas definições? A resposta, que você já deve saber, é: as duas são **equivalentes** para os números inteiros. A primeira definição era a única possível, já que estávamos operando com os números naturais. Foi por meio de sua manipulação que obtivemos a motivação para "descobrirmos" a segunda, que, por sua vez, refere-se a uma maneira melhor de se definir a subtração em conjuntos que apresentam simetria em relação a 0. Por outro lado, **provar** a equivalência de ambas as definições é outra história. Por enquanto, existem questões mais importantes a serem compreendidas!

Listo, a seguir, três regrinhas muito simples, que valem para números inteiros e das quais você, provavelmente, ainda se lembra bem:

- $-(-x) = x$
- $-1 \times a = (-a)$
- $-x - y = -(x + y)$

Seguem-se alguns exemplos numéricos:

- $-(-8) = +8$
- $-1 \times 3 = -3$
- $-4 - 3 = -(4 + 3) = -7$

Ou seja, as duas primeiras regras ficam estruturadas da seguinte maneira:

O simétrico do simétrico de x é o próprio x.

O produto de -1 por qualquer número inteiro é o simétrico desse número.

Para chegar a essas duas regras, você, provavelmente, lembrou-se de que, tanto na adição como na subtração:

Menos com menos dá **mais** e menos com mais dá **menos**, certo?

A maioria dos professores demonstra satisfação quando os alunos são capazes de se lembrar dessas regras e aplicá-las corretamente. O perigo dessa atitude reside no fato de que as novas regras começam a se acumular na nossa cabeça, até que fica difícil nos lembrarmos de todas, quanto mais aplicá-las corretamente! Considerando isso, eis algo que recomendo que você lembre sempre:

As **novas regras** são uma consequência inevitável das propriedades da soma e da multiplicação de números inteiros.

Antes de provarmos a primeira nova regra, note que, se a expressão "$a + b$ é igual a zero", inevitavelmente, $b = -a$ (e vice-versa):

$$a + b = 0 \Leftrightarrow b = -a$$

Vamos escolher $a = (-x)$ e $b = x$. Substituindo os valores de a e b na expressão anterior, obtemos:

$$(-x) + x = 0 \Rightarrow x = -(-x)$$

Essa é a nossa **primeira nova regra inevitável**.

A prova da segunda regra também é relativamente simples. Note que:

$$-1 + 1 = 0$$

Como a expressão anterior é igual a zero, o seu produto por qualquer número inteiro x também é:

$$(-1 + 1) \times x = 0$$

Agora, usando a propriedade distributiva:

$$-1 \times x + 1 \times x = 0$$

Mas:

$$1 \times x = x$$

Logo:

$$-1 \times x + x = 0$$

Já que a soma dos dois números acima é igual a zero, sabemos que um é o simétrico do outro. Logo, como desejávamos:

$$-1 \times x = (-x)$$

A terceira regra é, na verdade, uma consequência das duas primeiras **mais** a propriedade distributiva. Eis a demonstração da última regra. A partir da definição de subtração:

$$-x - y = (-x) + (-y)$$

Usando a regra $-1 \times x = (-x)$ para $(-x)$ e $(-y)$:

$$(-x) + (-y) = (-1 \times x) + (-1 \times y)$$

Agora, usando a propriedade distributiva:

$$(-1 \times x) + (-1 \times y) = -1 \times (x + y)$$

Utilizando novamente a regra que prevê que -1 vezes um número é o simétrico desse número:

$$-1 \times (x + y) = -(x + y)$$

Logo:

$$-x - y = -(x + y)$$

Essa é exatamente a terceira regra.

2.5 As equações e as regras do jogo

A equação $7 + x = 4$ não tinha solução no conjunto dos números naturais, mas tem uma solução no conjunto dos números inteiros: $x = -3$, pois:

$$7 + (-3) = 7 - 3 = 4$$

A partir deste momento, as equações que veremos talvez não sejam tão simples, por isso é importante que você seja capaz de resolver equações como esta última da forma mais **sistemática** possível. O que eu quero dizer é que existem métodos para resolver equações e que esses métodos utilizam as propriedades e as regras que vimos anteriormente. Se você entendeu os métodos e consegue repeti-los, provavelmente será capaz de resolver qualquer equação similar àquelas anteriormente demonstradas.

Eis o x da questão: resolver uma equação em que a incógnita é representada pela letra x significa obter uma expressão equivalente, em que x aparece sozinho do lado esquerdo:

$x = \ldots$

Talvez a forma mais rápida de resolver

$7 + x = 4$

seja pela comutatividade da soma:

$x + 7 = 4$

Você se lembra da regra segundo a qual, quando passamos um número ou uma letra para o outro lado de uma equação, ele(a) troca de sinal, não é mesmo? Como desejamos que o x fique sozinho no lado esquerdo, passamos o 7 para o lado oposto e trocamos seu sinal:

$x = 4 - 7 = -3$

Se você repetir o procedimento acima cuidadosamente, será capaz de resolver corretamente equações como

$x + a = b,$

em que x, a e b são números inteiros. No entanto, se você quiser saber por que esse procedimento funciona sempre, eis a resposta:

> O valor da incógnita em uma equação não se altera quando somamos (ou subtraímos) o mesmo número de ambos os lados.

Primeiro, reveja o exemplo anterior:

se $x + 7 = 4$,

então, pela regra que acabei de mencionar:

$x + 7 - 7 = 4 - 7$,

em que subtraímos 7 de propósito (o que desejamos é deixar x sozinho no lado esquerdo, caso subtraiamos 7 do lado esquerdo, obviamente):

$x + 7 - 7 = x + 0 = x$

O lado direito fica, então, da seguinte forma:

$4 - 7 = -3$

Portanto:

$x = -3$,

que é o mesmo resultado a que cheguei antes, obviamente. Por que $4 - 7 = -3$? Porque, usando novamente as regrinhas aprendidas na seção anterior:

$$x = -(-x)$$
$$4 - 7 = -(-(4 - 7))$$
$$= -(-(4 + (-7)))$$
$$= -(-4 - (-7))$$
$$= -(-4 + 7)$$
$$= -3$$

Não pretendo passar "tarefas de casa" para você, mas devo lembrar que é bastante útil identificar qual regra utilizei em cada uma das operações anteriores. A primeira regra $x = -(-x)$, dada na primeira linha da equação anterior, foi mencionada para ajudá-lo. A próxima seção é opcional: contém, apenas, a prova da regrinha anterior para a manipulação de equações. Sinta-se à vontade para examiná-la quando quiser!

2.6 Explicando a manipulação de equações

O fato que nos permite resolver uma equação como

$$x + a = b$$

é o seguinte:

$$x = y,$$

então $x + a = y + a$.

Isso nada mais é do que a regra que define que podemos somar (ou subtrair) o mesmo número de ambos os lados de uma equação. A prova dessa regra é simples:

se $x = y$,

então é óbvio que:

$$x + 0 = x + a - a = y$$

para qualquer número inteiro a. Por outro lado, se dois números são iguais, a sua diferença é zero. Logo:

$$x + a - a - y = 0$$

Usando as propriedades associativa e comutativa para reagrupar os termos:

$$(x + a) - y - a = 0$$

E, pela terceira nova regra:

$$(x + a) - (y + a) = 0$$

Se a diferença de dois números é zero, eles são iguais:

$$x + a = y + a$$

Isso prova, portanto, a regra de manipulação de equações.

3

Interlúdio para dividir números naturais

Este capítulo poderia estar logo após o primeiro, pois aborda alguns conceitos aritméticos simples. Estamos, portanto, retomando as operações com números naturais! O motivo pelo qual este capítulo está neste ponto do livro é o seguinte: os resultados numéricos que obteremos serão bastante úteis para o próximo capítulo, que trata mais a fundo da multiplicação. No Capítulo 4, falaremos sobre os números racionais e as frações, além de redefinirmos a divisão em termos da multiplicação. Antes de nos debruçarmos sobre a tarefa de expandir os horizontes da multiplicação, aprofundaremos um pouco mais a divisão de números naturais, o que nos ajudará a "digerir" melhor as frações e os números racionais.

Se você conhece bem temas como fatores primos, MMC e MDC, sinta-se à vontade para avançar direto para o próximo capítulo. Caso contrário, seja bem-vindo a este reencontro com a divisão de números naturais!

3.1 Revendo a divisão em $\mathbb{N}$

Que tal revisar a definição de divisão de dois números naturais, que encontramos no Capítulo 1?

$28 \div 4 = z$ se e somente se $28 = z \times 4$

Você, a esta altura, já deve estar acostumado com a versão totalmente simbólica "se x, y e z são números naturais e $y \neq 0$, então $x \div y = z \Leftrightarrow x = z \times y$", não é mesmo?

Note que deixamos de fora da divisão o caso $y = 0$. O motivo é simples: a definição simplesmente **não funciona** se $y = 0$. Suponha, por exemplo, que $x \neq 0$ e $y = 0$. Pela definição anterior:

$$x \div 0 = z \quad \Leftrightarrow \quad x = z \times 0 = 0, \; \forall z \in \mathbb{N}$$

Portanto, pela nossa regra, dividir um número x diferente de zero por zero nos leva à conclusão contraditória de que $x = 0$. E se x também for igual a zero? Nesse caso:

$$0 \div 0 = z \quad \Leftrightarrow \quad 0 = z \times 0 = 0, \; \forall z \in \mathbb{N}$$

Talvez você aceite esse caso, pois supusemos que x é zero e chegamos à conclusão de que, de fato, x é zero. Entretanto, como você deve ter notado, em ambos os casos é impossível encontrar o que realmente desejamos, que é o **resultado z** da divisão. A divisão de qualquer número não nulo por zero leva a uma contradição e, por isso, não faz sentido. A equação $0 \div 0$ é **indeterminada**, pois qualquer número natural z satisfaz a equação $0 = z \times 0$. O melhor, então, é adotarmos a seguinte convenção:

Não faz sentido dividir nenhum número natural por 0.

Outro ponto a se notar é que, como você já sabe, nem toda divisão de números naturais produz um resultado em $\mathbb{N}$. Por exemplo: não existe nenhum número natural x tal que

$x = 3 \div 2$ ou
$x = 5 \div 3$

Na verdade, existem muitos números naturais que só são divisíveis por 1 e por eles próprios. Esses dois casos, vale ressaltar, são sempre possíveis para qualquer número natural **diferente de zero**:

$$x \div x = z \Leftrightarrow x = z \times x; \Rightarrow z = 1$$
$$x \div 1 = z \Leftrightarrow x = z \times 1; \Rightarrow z = x$$

Mais uma vez um resultado aparentemente banal é mais útil e importante do que possa parecer, conforme veremos na próxima seção.

3.2 Números e fatores primos

Os números naturais **maiores que** 1 e que só são divisíveis por 1 e por eles mesmos são chamados de *números primos*. A seguir, estão os primeiros elementos do conjunto de números primos, até o primeiro número primo maior que 20. Verifique que, de fato, cada um deles só é divisível por si próprio e por 1:

{2, 3, 5, 7, 11, 13, 17, 19, 23, ...}

As reticências, nesse caso, significam que devemos procurar, em cada caso, os números primos dentro do conjunto $\mathbb{N}$. O único número par primo é **2**, visto que, a partir dele, todos os números pares, além de serem divisíveis por 1 e por si próprios, também são divisíveis (no mínimo) por 2. Isso acontece porque, por definição, um número par é **divisível por 2**. Por exemplo:

- $4 \div 2 = 2$
- $8 \div 2 = 4$
- $10 \div 2 = 5$

Existem infinitos números primos (Dieudonné, 1987, Cap. IV, p. 99-101).

Note que, modernamente, 1 não é primo, entre outros motivos, para que valha o Teorema Fundamental da Aritmética, segundo o qual cada número natural apresenta um conjunto único de fatores primos.

O fato mais importante e útil relacionado aos números primos é o seguinte: é possível escrever qualquer número natural como um produto de números primos elevados a diversas potências. O nome disso é *fatoração*. Ilustrarei esse fato com alguns exemplos:

- $12 = 2^2 \times 3$
- $15 = 3 \times 5$
- $36 = 2^2 \times 3^2$
- $252 = 2^2 \times 3^2 \times 7$

Diante disso, como encontramos os fatores primos de um número? É simples: primeiramente, divido o número por 2 até que o resultado não seja mais divisível por 2; passo, então, a dividi-lo por 3 até que isso não seja mais possível; depois, passo a dividir o resultado por 5 e 7, e assim sucessivamente. Dessa forma, se não for possível dividir o valor por um número primo qualquer, passe para o número primo seguinte. Para fatorar 252, por exemplo:

$252 \div 2 \rightarrow$
$126 \div 2 \rightarrow$
$63 \div 3 \rightarrow$
$21 \div 3 \rightarrow$
$7 \div 7 \rightarrow$
1

Portanto:

$252 = 2^2 \times 3^2 \times 7$

Os fatores primos de 252 são 2^2, 3^2 e 7^1.

3.3 O MMC

Agora que você sabe fatorar qualquer número natural, está na hora de falarmos sobre dois temas que são os "terrores" da criançada na escola: o **MMC** (mínimo múltiplo comum) e o **MDC** (máximo divisor comum). O motivo pelo qual preciso falar deles é que suas definições nos permitem praticar um pouco das operações com conjuntos. Além disso, mais adiante, o MMC será útil para fazer contas com frações.

O conjunto dos múltiplos de um número natural x é dado por

$$\mathcal{M}(x) = \{x \times 1, x \times 2, x \times 3, \ldots\}$$

Por exemplo:

$$\mathcal{M}(4) = \{4, 8, 12, 16, 20, \ldots\}$$

É disso que necessitamos para definir o MMC.

> O mínimo múltiplo comum de dois números naturais x e y é o menor elemento da interseção dos conjuntos $\mathcal{M}(x)$ e $\mathcal{M}(y)$:

$$\text{MMC}(x, y) = \min\,[\mathcal{M}(x) \cap \mathcal{M}(y)]$$

Na equação acima, **min** significa "**mínimo**". De acordo com a definição, para encontrar o MMC(8, 12), primeiramente precisamos encontrar os conjuntos $\mathcal{M}(8)$ e $\mathcal{M}(12)$:

$$\mathcal{M}(8) = \{8, 16, 24, 32, 40, 48, 56, 64, 72, \ldots\}$$
$$\mathcal{M}(12) = \{12, 24, 36, 48, 60, 72, \ldots\}$$

A interseção entre $\mathcal{M}(8)$ e $\mathcal{M}(12)$ é:

$$\mathcal{M}(8) \cap \mathcal{M}(12) = \{24, 48, 72, \ldots\}$$

Portanto:

MMC(8, 12) = min {24, 48, 72, ...} = 24

O MMC de dois números **existe sempre**: dados dois números naturais x e y, note que

$(x \times y) \in \mathcal{M}(x)$ e $(x \times y) \in \mathcal{M}(y)$

Logo:

$(x \times y) \in [\mathcal{M}(x) \cap \mathcal{M}(y)]$

E o conjunto $[\mathcal{M}(x) \cap \mathcal{M}(y)]$ **nunca** é vazio!

O adjetivo *comum*, no MMC, significa que este pertence à interseção dos conjuntos de múltiplos de x e y, e *mínimo*, obviamente, refere-se ao fato de ele ser o menor elemento da referida interseção.

Você sempre pode obter o MMC de dois números enumerando os conjuntos de seus múltiplos e calculando a interseção dos conjuntos e o menor elemento da interseção, como eu fiz no exemplo anterior. Em algumas situações, entretanto, é importante achá-lo rapidamente, como durante uma prova ou no decorrer da resolução de uma conta mais complicada. Segue uma "receita" para que você possa calcular o MMC mais rapidamente:

> Para calcular o MMC entre dois números, fatore cada um deles. Em seguida, colete os fatores primos com os expoentes mais elevados – correspondentes aos números primos presentes em ambas as fatorações –, bem como os demais fatores primos – correspondentes a números primos presentes em apenas uma das fatorações. O MMC é o **produto** desses termos.

Para obter, por exemplo, o MMC(36, 40):

$36 = 2^2 \times 3^2$
$40 = 2^3 \times 5$

O número primo 2 aparece em ambas as fatorações; escolho, então, o fator com maior expoente: 2^3. Os demais fatores primos são 3^2 e 5. Portanto:

MMC(36, 40) $= 2^3 \times 3^2 \times 5 = 4 \times 9 \times 5 = 360$

De fato:

$\mathcal{M}(36) = \{36, 72, 108, 144, 180, 216, 252, 288, 324, 360, ...\}$
$\mathcal{M}(40) = \{40, 80, 120, 160, 180, 200, 240, 260, 300, 320, 360, ...\}$
e min $[\mathcal{M}(36) \cap \mathcal{M}(40)] = 360$

Note que usar essa "receita" pode ser consideravelmente mais rápido que enumerar $\mathcal{M}(x)$ e $\mathcal{M}(y)$.

Explicando a magia: se, para você, a explicação acima é suficiente, pode passar para a próxima seção, que explica o MDC. Todavia, se você quiser entender melhor a receita, continue lendo esta seção.

Não provarei que a receita é **equivalente** à definição de MMC. Entretanto, dissecarei um exemplo que mostra claramente o que as duas maneiras de calcular o MMC têm em comum.

O exemplo envolve o cálculo do MMC(24, 36). A esta altura, você já está um "craque" em MMC. Utilizando os conjuntos dos múltiplos de 24 e 36:

$\mathcal{M}(24) = \{24, 48, 72, 96, 120, 144, ...\}$
$\mathcal{M}(36) = \{36, 72, 108, 144, ...\}$

Portanto:

MMC(24, 36) = 72

Pela receita de cálculo de MMC:

$24 = 2^3 \times 3$
$36 = 2^2 \times 3^2$

Portanto, como não poderia deixar de ser:

MMC(24, 36) = $2^3 \times 3^2 = 72$

O conjunto dos múltiplos de 24 pode ser escrito da seguinte forma:

M(24) = $\{2^3 \times 3 \times p\}$, $p = 1, 2, 3, \ldots$

Da mesma maneira:

$\mathcal{M}$(36) = $\{2^2 \times 3^2 \times q\}$, $q = 1, 2, 3, \ldots$

A interseção dos dois conjuntos contém todos os números tais que

$(2^2 \times 3) \times 2 \times p = (2^2 \times 3) \times 3 \times q$

Note como reorganizei as expressões para deixar os fatores comuns de 24 e 36 em evidência. O MMC será o menor dos valores acima e que, por sua vez, corresponderá aos menores valores possíveis de p e q. Olhe novamente para a expressão. É óbvio que os valores são $p = 3$ e $q = 2$. Substituindo-os na expressão acima:

MMC(24, 36) = $2^3 \times 3^2 = 72$

Nesse exemplo, o MMC é o produto de fatores primos com os maiores expoentes.

3.4 O MDC

MDC significa "máximo divisor comum". Considerando apenas a sigla MDC, você já deve ter uma ideia do seu significado. Mesmo assim, não custa nada mantermos o rigor e a elegância da seção anterior. Para definir e calcular o MDC, primeiramente precisamos da seguinte definição:

> O conjunto dos divisores de um número natural x, $\mathcal{D}(x)$, é o conjunto dos números naturais y, para os quais existe o número natural $x \div y$:

$$\mathcal{D}(x) = \{\, y \mid \exists\, (x \div y) \in \mathbb{N} \,\}$$

Atenção: apareceu um **novo símbolo**: $\exists$. Basta ler novamente a definição anterior para compreender que o símbolo $\exists$ significa "**existe**".

Ao contrário de $\mathcal{M}(x)$, o conjunto $\mathcal{D}(x)$ é sempre **finito**. Por exemplo:

$$\mathcal{D}(6) = \{\, 1, 2, 3, 6 \}$$

Fácil, não é?

Agora estamos prontos para o MDC, cuja definição é:

> O máximo divisor comum entre dois números naturais x e y é o maior elemento da interseção dos conjuntos $\mathcal{D}(x)$ e $\mathcal{D}(y)$.

Dessa forma:

$$\text{MDC}(x, y) = \max\, [\mathcal{D}(x) \cap \mathcal{D}(y)]$$

Na equação anterior, **max** significa "**máximo**". Para calcular MDC(8, 12), por exemplo:

$\mathcal{D}(8) = \{1, 2, 4, 8\}$
$\mathcal{D}(12) = \{1, 2, 3, 4, 6, 12\}$

Logo:

$\mathcal{D}(8) \cap \mathcal{D}(12) = \{1, 2, 4\}$ e
MDC(8, 12) = max $\{1, 2, 4\}$ = 4

O MDC(x, y) **sempre** existe. O motivo é simples: todo número natural é **divisível por 1**:

$\forall x, y \in \mathbb{N} \Rightarrow 1 \in \mathcal{D}(x)$ e $1 \in \mathcal{D}(y)$

Portanto:

$1 \in [\mathcal{D}(x) \cap \mathcal{D}(y)]$

E o conjunto $[\mathcal{D}(x) \cap \mathcal{D}(y)]$ **nunca** é vazio!

O adjetivo *comum* se refere ao fato de que o MDC pertence à interseção dos conjuntos de divisores de x e y, e *máximo*, ao fato de ele ser o maior elemento da referida interseção.

Se você está imaginando que também deve haver uma regra para o cálculo do MDC sem a obtenção dos conjuntos dos divisores de x e y, acertou. A regra é a seguinte:

> Para calcular o MDC entre dois números, fatore cada um deles. Em seguida, colete os fatores primos com os menores expoentes – correspondentes apenas aos números primos presentes em ambas as fatorações. O MDC é o **produto** desses termos.

Para obtermos, por exemplo, o MDC(36, 40):

$36 = 2^2 \times 3^2$
$40 = 2^3 \times 5$

O número primo que aparece em ambas as fatorações é 2, e o menor expoente é 2. Logo:

MDC(36, 40) = 2^2 = 4

Verifiquemos:

$\mathcal{D}(36) = \{1, 2, 3, 4, 6, 9, 12, 18, 36\}$
$\mathcal{D}(40) = \{1, 2, 4, 5, 8, 10, 20, 40\}$

De fato, o maior elemento da interseção é **4**.

A maneira de apresentar o MMC e o MDC que utilizamos neste capítulo tem grandes chances de ficar na sua memória. Por mais que você se esqueça das regras, sempre é possível dispor de um tempinho para enumerar os conjuntos de múltiplos e divisores e calcular as interseções.

É impossível não notar as enormes semelhanças entre as regras para o MMC e o MDC. O que diferencia as duas são apenas dois detalhes: em uma há a palavra **mínimo** e na outra a palavra **máximo**. Além disso, na primeira, há o conjunto dos múltiplos e, na segunda, o dos divisores.

Essa foi uma lição importante para você entender pelo menos um pouco do mundo da matemática. Muito conhecimento é obtido desta forma, por intuição e por meio de analogias, sendo "provado" posteriormente. Não se engane com os matemáticos: assim como os demais seres humanos, eles têm intuição e gostam de "apostar" que certos fatos são verdadeiros. Mas eles, vale salientar, também são minuciosos e gostam de verificar seus palpites minuciosamente.

4
Expandindo os horizontes da multiplicação: os números racionais

Conforme vimos no final do Capítulo 3, quando realizamos as operações inversas de subtração, divisão e logaritmo entre números naturais, o resultado nem sempre é um número natural. Em razão disso, perdemos a propriedade de **fechamento**. Para recuperá-la, precisaremos realizar operações em conjuntos mais amplos que $\mathbb{N}$.

No Capítulo 2, a necessidade de obter sempre um resultado para a subtração nos levou ao conjunto dos números inteiros $\mathbb{Z}$ e à redefinição da subtração como sendo a soma com o simétrico, conforme você deve lembrar. É de se esperar, portanto, que façamos o mesmo neste capítulo, encontrando um conjunto no qual a divisão sempre "funcione" e redefinindo a divisão em termos de sua propriedade-mãe: a multiplicação.

4.1 *Pizzas* e frações

Figura 4.1 – Imagine que cada fração equivale ao pedaço de uma saborosa *pizza*.

Crédito: Fotolia

Geralmente, quando os professores falam sobre frações, citam o exemplo dos pedaços de um bolo ou de uma *pizza*. Assim, se oito pessoas dividirem uma *pizza* grande, cada um comerá um pedaço – o que seria, portanto, um oitavo da *pizza*:

$$1/8 \text{ ou } \frac{1}{8}$$

Esse é um exemplo de uma **fração** ou **número racional**. Os números racionais são obtidos por meio da divisão de dois números inteiros p e q, representados como

$$p/q \text{ ou } \frac{p}{q},$$

em que q é o número de "pedaços" em que dividimos a *pizza* e p é o número de pedaços que temos. Em geral, p pode ser maior que q, pois sempre podemos dividir mais de uma *pizza*: 7/3 de uma *pizza*, por exemplo, são 2 *pizzas* mais 1/3. O conjunto dos números racionais é representado pela letra $\mathbb{Q}$. Ei-lo aqui:

$$\mathbb{Q} = \{0, \pm 1/1, \pm 1/2, \pm 1/3, \ldots, \pm 2/1, \pm 2/2, \pm 2/3, \ldots, \pm 3/1, \pm 3/2, \pm 3/3, \ldots\}$$

Note que $\mathbb{Q}$ apresenta frações positivas e negativas, além do zero. Isso significa que ele "herda" do conjunto $\mathbb{Z}$ a propriedade de existência de simétrico em relação ao zero, o que nos permite definir confortavelmente a subtração de dois números racionais da mesma maneira que fizemos com os inteiros: trata-se da soma com o elemento simétrico.

4.2 Multiplicação e divisão, novamente

Os números racionais existem para "resolver" o problema de que a divisão de dois números inteiros quaisquer p e q nem sempre resulta em um número inteiro. Da mesma maneira que identificamos o resultado da subtração de dois números naturais $0 - y$ com o número inteiro $-y$, identificaremos a divisão de dois números inteiros $p \div q$ com o número racional p/q.

Se p e q são números inteiros, então $z = p/q$ é um número racional e:

$$p/q = z \Leftrightarrow p = z \times q$$

Exemplos:

- $3/4$; $3/4 \times 4 = 3$
- $-9/7$; $-9/7 \times 7 = -9$

Isso nada mais é do que a antiga regra de divisão que usamos para os números naturais:

$$x \div y = z \Leftrightarrow x = z \times y$$

Portanto:

$$1 \div y = 1/y \Leftrightarrow 1 = 1/y \times y$$

Assim como no Capítulo 2, temos agora uma nova regra fundamental do conjunto $\mathbb{Q}$:

> Para todo número racional y, existe um número racional $1/y$ inverso, tal que $y \times (1/y) = 1$.

Por exemplo:

- $-7 \times (-1/7) = 1$
- $3 \times (1/3) = 1$

Novamente, é preferível **redefinir** a divisão entre dois números racionais como o produto pelo elemento inverso:

$$12 \div 7 = 12 \times 1 \div 7 = 12 \times (1 \div 7) = 12 \times (1/7)$$

Ou, em geral:

$$x \div y = x \times 1 \div y = x \times (1 \div y) = x \times (1/y)$$

4.3 Tirando a poeira da divisão

Desta vez, não há necessidade de nos alongarmos com demasiadas explicações, pois já sabemos o que fazer:

- Para recuperar a propriedade de fechamento para a divisão, passamos a trabalhar com o conjunto $\mathbb{Q}$ dos racionais.
- Os números racionais têm um elemento simétrico, assim como os inteiros, e um elemento inverso: para todo x racional, existe $(1/x)$, tal que

  $$x \times (1/x) = 1.$$

- A divisão passa a ser definida como a multiplicação pelo simétrico:

  $$x \div y = x \times 1/y.$$

As propriedades das operações de soma, multiplicação e exponenciação dos números racionais são as mesmas que usamos para os inteiros, acrescidas de novos fatos. Assim, se x, y e z são números racionais:

Elemento neutro da soma	$x + 0 = x$
Comutatividade da soma	$x + y = y + x$
Associatividade da soma	$(x + y) + z = x + (y + z)$
Elemento simétrico	$x + (-x) = 0$
Definição da subtração	$x - y = x + (-y)$
Elemento neutro da multiplicação	$x \times 1 = x$
Comutatividade da multiplicação	$x \times y = y \times x$
Associatividade da multiplicação	$(x \times y) \times z = x \times (y \times z)$
Elemento inverso	$x \times (1/x) = 1$
Definição da divisão	$x \div y = x \times (1/y)$
Propriedade distributiva	$x \times (y + z) = x \times y + x \times z$

Além disso, se a é um número racional positivo e x e y são números naturais:

Expoente zero	$a^0 = 1$
Produto na mesma base	$a^x \times a^y = a^{x+y}$
Exponenciações sucessivas	$(a^x)^y = a^{x \times y}$

Figura 4.2 – Nos sistemas de unidades antigos, era comum o uso de múltiplos de unidades "naturais". No sistema de unidades britânico, 1 pé equivale a 12 polegadas, e 1 polegada equivale a 2,54 cm; esse valor é aproximadamente igual à largura de 1 polegar. Por outro lado, 1 pé equivale a 30,48 cm, sendo, entretanto, bem maior que o pé "médio" de um ser humano. A unidade de massa do sistema britânico, a libra (lb, equivalente a 0,454 kg), por sua vez, é dividida em 16 onças (oz). Essas unidades sobrevivem quando se calibra um pneu ("32 libras" significa 32 libras-força por polegada quadrada), quando se constrói uma casa ("um ferro de 3/8" significa uma barra de aço com diâmetro de 3/8 de polegada) ou quando se usam armas ("um revólver 38" significa um revólver cuja bala tem um diâmetro de 38/100 de polegada).

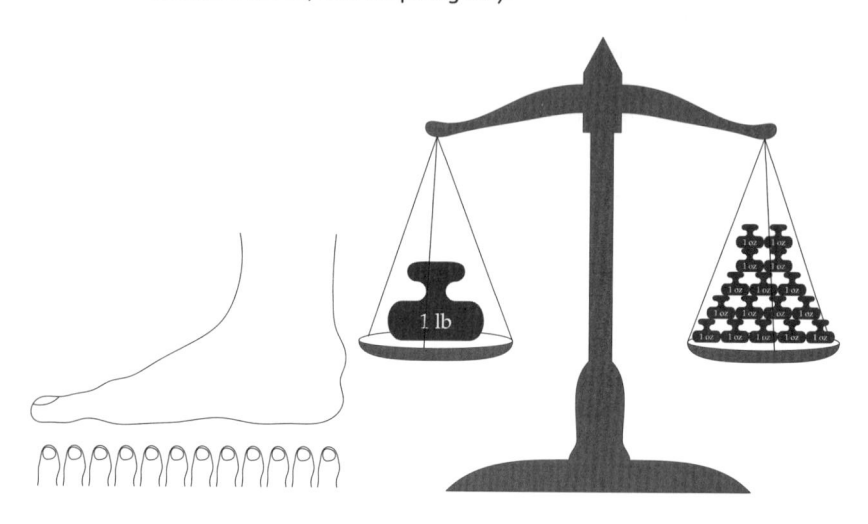

4.4 Novíssimas inevitáveis regras

Os fatos apresentados a seguir são indispensáveis se você pretende manipular frações. Este é um dos pontos mais importantes deste livro, portanto preste atenção!

Se p e q são números inteiros e x é um número racional, então:

$1/(1/x) = x$
$p \times (1/q) = p/q$
$(1/p) \times (1/q) = 1/(p \times q)$

Obviamente, $q \neq 0$ na segunda linha, e $p, q \neq 0$ na terceira. A prova da primeira novíssima inevitável regra é bem simples. Note que:

$a \times b = 1 \Leftrightarrow b = 1/a$

Agora, faça $a = (1/x)$ e $b = x$. Então:

$(1/x) \times x = 1 \Rightarrow x = 1/(1/x)$

Quanto à segunda novíssima regra, é possível que ela esteja causando um pouco de confusão, não é mesmo? Não é óbvio que $p \times (1/q) = p/q$? A resposta é **não**. A razão disso é bastante simples: no lado esquerdo da segunda nova regra, está a nova definição de divisão de quaisquer dois números racionais, em função da multiplicação pelo inverso; do lado direito, está a fração p/q. Para termos certeza de que são iguais, devemos mostrar que ambos os lados têm o mesmo significado. Isso não é difícil, já que, por definição, o significado de p/q é:

$p/q = z \Leftrightarrow p = z \times q$

Por outro lado:

$$x \times 1/y = z \Leftrightarrow x \times (1/y) - z = 0$$
$$\Leftrightarrow y \times (x \times (1/y) - z) = 0$$
$$\Leftrightarrow x \times (1/y) \times y - y \times z = 0$$
$$\Leftrightarrow x = z \times y,$$

de forma que $p \times (1/q)$ e p/q, de fato, são iguais (basta substituirmos x por p e y por q nas linhas acima).

Para provar a terceira nova regra, utilizamos a segunda regra ($p \times (1/q) = p/q$) e, mais uma vez, o fato de que $x \times 1/y = z \Leftrightarrow x = z \times y$:

$$(1/p) \times (1/q) = z \Leftrightarrow (1/p) = z \times q$$
$$\Leftrightarrow 1 = z \times q \times p$$
$$\Leftrightarrow 1/(q \times p) = z$$

Logo:

$$(1/p) \times (1/q) = z = 1/(p \times q)$$

Essa é a terceira novíssima regra.

Se você acha que tudo isso é muito complicado – e pior, desnecessariamente complicado –, tem toda a razão! Entretanto, trata-se de uma complicação (como indica o título da seção) inevitável.

Alguns exemplos numéricos da primeira novíssima regra são:

- $1/(1/9) = 9$
- $1/(1/(3/4)) = 3/4$

Seguem-se outros exemplos da segunda novíssima regra:

- $3 \div 4 = 3 \times (1/4) = 3/4$
- $11 \div 2 = 11 \times (1/2) = 11/2$

Finalmente, se aplicarmos a terceira novíssima regra para $p = 3$ e $q = 4$, obteremos:

$(1/3) \times (1/4) = 1/(3 \times 4) = 1/(12)$

Um número racional, ou uma **fração**, é indicado por:

p/q ou $\dfrac{p}{q}$,

em que a **barra inclinada ou horizontal é o sinal de fração**. Acabamos de ver que ela indica, portanto, a **divisão de números inteiros**: $p/q = p \times (1/q) = p \div q$. Na prática, porém, é conveniente "esquecermos" esses detalhes técnicos e interpretarmos o sinal de fração sempre como a **divisão de dois números**, mesmo que estes não sejam inteiros. Assim:

$(1/4)/(2/9)$ significa $1/4 \div 2/9$ e

$\dfrac{7/8 + 1/4}{9}$ significa $(7/8 + 1/4) \div 9$

O "lado de cima" da divisão

$\dfrac{a}{b}$

é chamado de *numerador*. O numerador da expressão acima é a. O "lado de baixo" é o *denominador*, ou seja, b. Note que isso é apenas uma convenção que estou adotando, muito útil para fazermos contas de maneira mais rápida.

Escrever o sinal de "vezes" (×) repetidamente pode ser tedioso. Muitas vezes, ele é substituído por um ponto:

$5 \times 3 = 5 \cdot 3$
$a \times b = a \cdot b$

Quando manipulamos apenas símbolos, tais como a, b e x, y, mesmo o pequeno ponto de multiplicação comumente desaparece. Dessa maneira, escrevemos o seguinte:

$$x \times y = x \cdot y = xy$$

Novamente, isso é uma questão de convenção e gosto. Escolha, portanto, a opção que preferir. Até agora, usei somente o sinal de *"vezes"* (×). A partir daqui, utilizarei as três formas disponíveis para indicar a multiplicação, dependendo da ocasião.

Observe também que podemos escrever a regra para a divisão de dois números racionais como:

$$\frac{x}{y} = z \Leftrightarrow x = zy$$

Talvez você tenha aprendido isso na escola da seguinte forma:

> Quando passamos uma grandeza no denominador de uma fração para o outro lado de uma equação (cuidado: só pode haver uma fração de cada lado), essa grandeza vai para o numerador (e vice-versa).

Está na hora de você aprender mais sobre como manipular equações em que aparecem frações!

Você, certamente, lembra-se da regra que diz que podemos somar o mesmo número nos dois lados de uma equação e que isso significa o mesmo que "passar um termo para o outro lado trocando o sinal":

$$x = y \Leftrightarrow x + a = y + a$$

Expandindo os horizontes da multiplicação: os números racionais 77

A regra equivalente para a multiplicação é muito fácil:

$x = y \Leftrightarrow ax = ay$

Isso, em palavras, significa:

> O valor de uma incógnita numa equação não se altera quando multiplicamos ambos os lados dessa equação por um mesmo número racional.

A prova é muito fácil:

$x = y \Leftrightarrow x - y = 0$
$\Leftrightarrow a(x - y) = 0$
$\Leftrightarrow ax - ay = 0$
$\Leftrightarrow ax = ay$

Essa regra para a manipulação de equações nos permite multiplicar o numerador e o denominador de uma fração por um mesmo número sem alterá-la:

$x/y = z \Leftrightarrow x = zy$
$\Leftrightarrow ax = azy$
$\Leftrightarrow (ax)/(ay) = z$

Portanto:

$x/y = (ax)/(ay)$

Uma consequência importante das novas regras e daquela que se refere à manipulação de equações é o fato de que um mesmo número racional pode ter infinitas representações. De fato:

$$\frac{1}{1} = \frac{2}{2} = \frac{3}{3} = \frac{4}{4} = \ldots 1$$

Para uma discussão sobre a ordem de pares de números naturais e seu uso para representar números racionais, veja Dantzig (1970, p. 90-92).

$$\frac{3}{4} = \frac{6}{8} = \frac{9}{2} = \frac{12}{16} = \ldots$$

Repare no que acontece: em cada um dos casos anteriores, multiplicamos a fração original sucessivamente por 2/2, 3/3, 4/4 etc., sem alterar o seu valor. Seria conveniente podermos eleger uma dessas formas como a "representante" de todas as outras. A forma mais simples de uma fração (ou de um número racional) contém apenas **fatores primos** distintos no numerador e no denominador, pois sempre podemos cancelar os fatores primos comuns:

$$\frac{12}{16} = \frac{2^2 \times 3}{2^4}$$

$$= \frac{2^2 \times 3}{2^2 \times 2^2}$$

$$= \frac{2^2}{2^2} \times \frac{3}{2^2}$$

$$= \frac{3}{4}$$

É desejável que, quando obtiver algum resultado na forma de fração, você o reduza à sua forma mais simples.

Figura 4.3 – Os números racionais não são tantos assim: nesta figura, vemos que é possível estabelecer uma relação biunívoca entre os inteiros e os racionais. As frações que não estão em suas formas mais simples (frações p/q para as quais $MDC(p, q) \neq 1$) são "saltadas" –, pois são iguais a algum p/q em sua forma mais simples), estando indicadas em cinza-escuro. Nesse caso, a correspondência entre inteiros e racionais é: {(1, 1/1), (2, 2/1), (3, 1/2), (4, 1/3), (5, 3/1), ...}. O processo, obviamente, inclui todos os números negativos (basta trocarmos o sinal) e prossegue até o infinito.

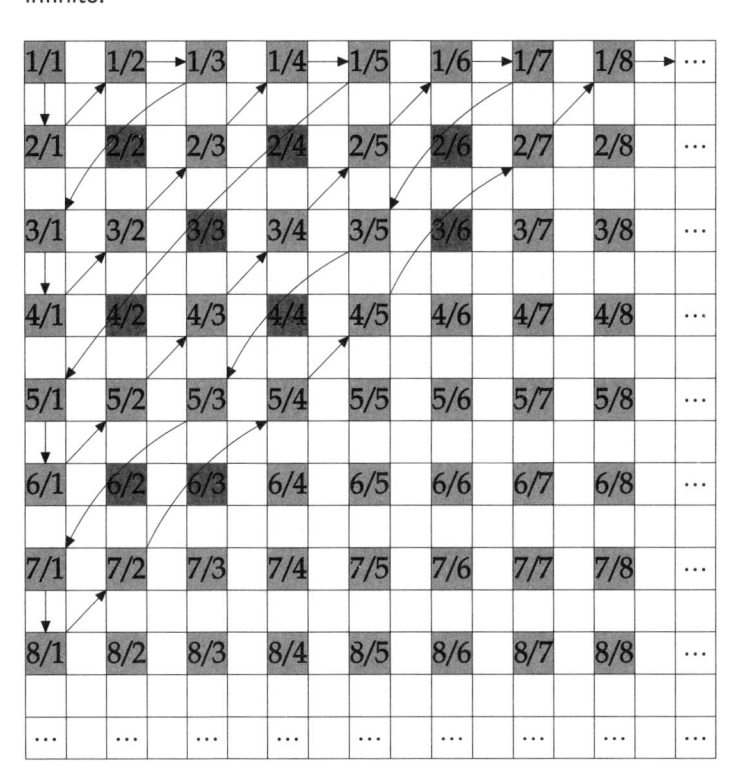

Agora, deixe-me mostrar mais algumas consequências das novíssimas inevitáveis regras. É importante ressaltar que elas contêm praticamente tudo o que você precisa saber para manipular frações: se p, q, r e s são números inteiros e $q, s \neq 0$:

$$(p/q) \times (r/s) = (pr)/(qs)$$

$$\frac{p}{q} + \frac{r}{s} = \frac{ps+qr}{qs}$$

Seguem-se as provas, que usam as propriedades da soma e da multiplicação, e as novas inevitáveis regras. Para provar a primeira linha:

$$\begin{aligned}(p/q) \times (r/s) &= p \times (1/q) \times r \times (1/s) \\ &= p \times r \times (1/q) \times (1/s) \\ &= (pr) \times 1/(qs) \\ &= (pr)/(qs)\end{aligned}$$

A segunda linha também é fácil de ser provada:

$$\frac{p}{q} + \frac{r}{s} = \frac{p}{q}\frac{s}{s} + \frac{r}{s}\frac{q}{q}$$

$$= \frac{ps}{qs} + \frac{qr}{qs}$$

$$= \frac{1}{qs}((ps)+(qr))$$

$$= \frac{ps+qr}{qs}$$

Eis algumas aplicações: para calcularmos

$$\frac{3}{4} + \frac{5}{7} = ?,$$

precisamos, primeiramente, reduzir a expressão a um **denominador comum**: a regrinha que prevê o ato de simplesmente passar o denominador para o outro lado do sinal de igual, colocando-o no numerador, ainda não pode ser aplicada, já que, por enquanto, há **dois** denominadores. O truque é multiplicar ambas as frações por **1**, de tal maneira que os dois resultados tenham o mesmo denominador, exatamente como na prova anterior:

$$\frac{3}{4} + \frac{5}{7} = \frac{3}{4} \times \frac{7}{7} + \frac{5}{7} \times \frac{4}{4}$$

$$= \frac{21}{28} + \frac{20}{28}$$

$$= \frac{1}{28}(21 + 20)$$

$$= \frac{41}{28}$$

Depois de algum tempo, você irá automatizar a regrinha

$$\frac{p}{q} + \frac{r}{s} = \frac{ps + rq}{qs},$$

que dá o seguinte resultado:

$$\frac{3}{4} + \frac{5}{7} = \frac{7 \times 3 + 5 \times 4}{4 \times 7} = \frac{41}{28}.$$

Para calcular

$$\frac{4}{12} - \frac{9}{8},$$

note, primeiramente, que:

$$\frac{4}{12} = \frac{2^2}{2^2 \times 3} = \frac{1}{3}$$

$$-\frac{9}{8} = -\frac{3^2}{2^3}$$

Portanto, é possível simplificarmos 4/12 (pois há fatores primos comuns em 4 e 12), mas não −9/8. Com um pouco de prática, você não precisará fatorar cada número que aparece na sua frente: a existência ou não de fatores comuns ficará óbvia para você! Dito isso:

$$\frac{4}{12} - \frac{9}{8} = \frac{1}{3} - \frac{9}{8}$$

$$= \frac{8 \times 1 - 3 \times 9}{3 \times 8}$$

$$= -\frac{19}{24}$$

Verifique que o resultado já está na sua forma mais simples: −19 é um número primo. Segue-se um exemplo com álgebra:

$$\frac{ax+b}{y} + \frac{y}{cx+d} =$$

$$\frac{ax+b}{y} \cdot \frac{cx+d}{cx+d} + \frac{y}{cx+d} \cdot \frac{y}{y} =$$

$$\frac{(ax+b)(cx+d) + y^2}{y(cx+d)}$$

O exemplo anterior mostra que nem sempre reduzir uma expressão ao mesmo denominador produz resultados mais simples.

4.5 Escrevendo e manipulando equações

Este capítulo está prestes a ser finalizado. Pela primeira vez, encontramos um conjunto (o dos números racionais) no qual soma, subtração, multiplicação e divisão são operações fechadas: $+$, $-$, $\times$ e $\div$ envolvendo números racionais têm, como resultado, números racionais. Aqui, cabe uma observação: sempre que uma variável aparece multiplicada várias vezes, é comum que usemos a **exponenciação**:

$$a \times a = a^2$$
$$b \times b \times b = b^3$$
$$\underbrace{x \times x \times x \times \ldots \times x}_{n \text{ vezes}} = x^n$$

Então, em vez de escrevermos:

$$\frac{1 + a \times a \times a \times a}{1 + a},$$

escrevemos:

$$\frac{1 + a^4}{1 + a}$$

Apliquemos agora os novos conhecimentos para a resolução de problemas um pouco mais complicados. Como você já sabe, resolver uma equação em que x aparece como incógnita é a mesma coisa que transformá-la numa equação equivalente, na qual x aparece sozinho do lado esquerdo:

$$x = \ldots$$

Você pode conseguir o resultado de duas formas: somando a mesma grandeza (que pode até ser outra equação) dos dois lados do sinal de igual ou multiplicando ambos os lados pela mesma grandeza. Na prática, as pessoas costumam automatizar esses processos e "passam" números e variáveis de um lado para o outro, trocando seus sinais (se eles estiverem envolvidos em **somas**) ou "indo" do denominador para o numerador e vice-versa (se eles estiverem envolvidos em **produtos**). Por exemplo: a sequência

$$3x + 4 = 5 \Rightarrow 3x = 5 - 4 = 1$$

significa, em detalhes:

$$3x + 4 = 5 \Rightarrow$$
$$3x + 4 - 4 = 5 - 4 \Rightarrow$$
$$3x + 0 = 1 \Rightarrow$$
$$3x = 1$$

Quando se trata de produtos, como em:

$$3x = 1 \Rightarrow x = \frac{1}{3},$$

isso significa, em detalhes:

$$3x = 1 \Rightarrow$$
$$3 \times x \times \frac{1}{3} = 1 \times \frac{1}{3} \Rightarrow$$
$$x \times 3 \times \frac{1}{3} = 1 \times \frac{1}{3} \Rightarrow$$
$$x \times 1 = 1 \times \frac{1}{3} \Rightarrow$$
$$x = \frac{1}{3}$$

Esse exemplo consiste, na verdade, na solução da equação $3x + 4 = 5$. Em geral, para resolvermos qualquer equação do tipo $ax + b = c$:

$$ax + b = c \Rightarrow$$
$$ax = c - b \Rightarrow$$
$$x = \frac{c - b}{a}$$

Eis aqui mais um exemplo:

$$5x + 9 = 2 \Rightarrow$$
$$5x = 2 - 9 = -7 \Rightarrow$$
$$x = -\frac{7}{5}$$

Às vezes, no entanto, a vida fica um pouco complicada. Suponha que você tenha que resolver:

$$\frac{7x + 3}{2x + 5} = 3$$

O primeiro passo para encontrar a solução é "passar" o denominador $(2x + 5)$ para o outro lado:

$$7x + 3 = 3 \times (2x + 5) = 6x + 15$$

Agora, temos termos envolvendo x dos dois lados da equação. Todavia, vale lembrar que podemos passar todos esses termos para apenas um dos lados:

$$7x - 6x + 3 = 15$$
$$x + 3 = 15$$

Esta última equação você sabe resolver muito bem:

$$x = 15 - 3 = 12$$

Um fato muito comum na vida do aluno de Matemática é ter de calcular expressões semelhantes a esta:

$(x + y) \times (p + q + r)$

Para "abrir" expressões como essa, precisamos da **propriedade distributiva**, além de um pouco de imaginação no uso dos símbolos. Lembre-se de que a propriedade distributiva é:

$A \times (B + C) = A \times B + A \times C$

Considerando isso, quanto vale $A \times (B + C + D)$? Você acertou se pensou em $AB + AC + AD$! Agora, que tal uma prova disso? É simples: pense em $C + D$ como o C de antes!

$A \times (B + (C + D)) = A \times B + A \times (C + D),$

pois $(C + D)$ funciona como se fosse um só símbolo. Note que você pode aplicar a propriedade distributiva novamente ao termo $A \times (C + D)$! Então:

$A \times (B + C + D) =$
$A \times (B + (C + D)) =$
$A \times B + A \times (C + D) =$
$A \times B + A \times C + A \times D$

Isso deve dar a você uma boa ideia de como calcular

$(x + y)(p + q + r)$:

Primeiramente, interprete $(x + y)$ como um só símbolo:

$(x + y)p + (x + y)q + (x + y)r$

Agora, aplique novamente a distributividade a cada termo da soma:

$xp + yp + xq + yq + xr + yr$

Vamos treinar! Resolver a equação

$$(3x+5)(a+2b) = \frac{a}{b}$$

em termos de x significa encontrar a expressão equivalente $x = \ldots$ Não importa que você não conheça a e b: pense neles como números que serão fornecidos depois. Vamos lá!

$$(3x+5)(a+2b) = \frac{a}{b}$$

$$3x(a+2b) + 5(a+2b) = \frac{a}{b}$$

Note que não adianta mais expandirmos o termo $3x(a+2b)$, pois x já está relativamente isolado, multiplicando $3(a+2b)$. Tratemos dos outros termos:

$$3(a+2b)x + 5a + 10b = \frac{a}{b}$$

$$3(a+2b)x = \frac{a}{b} - (5a+10b) = \frac{a - 5ab + 10b^2}{b}$$

Só nos resta dividir ambos os lados pelo coeficiente de x:

$$x = \frac{a - 5ab + 10b^2}{3(a+2b)b} = \frac{a - 5ab + 10b^2}{3ab + 6b^2}$$

O uso da propriedade distributiva serve para simplificar algumas outras expressões que aparecem frequentemente:

$$\begin{aligned}(a+b)^2 &= (a+b)(a+b) \\ &= a^2 + ba + ab + b^2 \\ &= a^2 + 2ab + b^2\end{aligned}$$

$$(a+b)^3 = (a+b)^2(a+b)$$
$$= (a^2+2ab+b^2)(a+b)$$
$$= a^3+\underbrace{a^2b+2a^2b}_{3a^2b}+\underbrace{2ab^2+b^2a}_{3ab^2}+b^3$$
$$= a^3+3a^2b+3ab^2+b^3$$
$$(a+b)(a-b) = a^2+\underbrace{ba-ab}_{0}-b^2$$
$$= a^2-b^2$$

Essas "fórmulas" em geral são decoradas na escola. Contudo, se você aplicar a propriedade distributiva, conseguirá obtê-las com facilidade, e terá menos coisas para decorar.

4.6 Fatos espetaculares

Antes de encerrar este capítulo, quero lhe mostrar duas fórmulas cuja dedução não é tão óbvia. Elas são:

$$1+x+x^2+\ldots+x^n = \frac{1-x^{n+1}}{1-x}$$

$$1+2+3+\ldots+n = \frac{n(n+1)}{2}$$

A primeira, apesar de aparentemente mais complexa, na verdade é a mais fácil de ser obtida. Comecemos com:

$$(1-x)(1+x) = 1+x-x-x^2 = 1+0-x^2 = 1-x^2$$

Agora, adicionamos uma nova potência de x:

$$(1-x)(1+x+x^2) = 1+x+x^2-x-x^2-x^3 =$$
$$1+0+0-x^3 = 1-x^3$$

Mais uma:

$(1-x)(1+x+x^2+x^3) =$
$1+x+x^2+x^3-x-x^2-x^3-x^4 =$
$1+0+0+0-x^4 = 1-x^4$

Talvez isso seja suficiente para você se convencer de que:

$(1-x)(1+x+x^2+\ldots+x^n) = 1-x^{n+1},$

mas a prova não é difícil:

$(1-x)(1+x+x^2+\ldots+x^n) = 1+x+x^2+\ldots+x^n$
$-x-x^2-\ldots-x^n-x^{n+1} = 1+0+0+\ldots+0-x^{n+1} =$
$1-x^{n+1}$

Dividindo ambos os lados por $(1-x)$, obtemos o seguinte:

$$1+x+x^2+\ldots+x^n = \frac{1-x^{n+1}}{1-x}$$

Antes de eu mostrar a segunda fórmula espetacular, note o seguinte: considerando que $s = 1+2+3+\ldots+n$ é a soma que desejamos calcular, então:

$$s = \begin{bmatrix} 1+ \\ 2+ \\ 3+ \\ \vdots \\ n-1+ \\ n \end{bmatrix} = \begin{bmatrix} 1+ \\ 1+1+ \\ 1+1+1+ \\ \vdots \\ 1+1+1+\ldots+1+0+ \\ 1+1+1+\ldots+1+1 \end{bmatrix}$$

Para calcularmos s, abrimos a soma em suas parcelas mais elementares. Naturalmente, a penúltima linha tem $n-1$ números 1, e a última linha tem n números 1. Na verdade, incrementarei ainda mais esse processo, de forma que cada linha seja a soma de exatamente n números, somando zeros:

$$s = \begin{bmatrix} 1+0+0+0+\ldots+0+0+ \\ 1+1+0+0+\ldots+0+0+ \\ 1+1+1+0+\ldots+0+0+ \\ \vdots \\ 1+1+1+1+\ldots+1+0+ \\ 1+1+1+1+\ldots+1+1 \end{bmatrix}$$

O cálculo de s ficou reduzido à seguinte brincadeira: suponha que temos peças de um jogo com os seguintes símbolos: ○, ● e ★. O símbolo ○ (uma bola vazia) representa **zeros**; o símbolo ● (uma bola cheia) representa os **números 1 que estão fora da diagonal**, e ★ (uma estrela), os **números 1 que estão na diagonal**. Nesse sentido, colocaremos as peças sobre uma mesa e as arrumaremos da mesma forma que fizemos com a soma s, respeitando a convenção de símbolos:

$$\begin{bmatrix} \star & \circ & \circ & \ldots & \circ & \circ \\ \bullet & \star & \circ & \ldots & \circ & \circ \\ \bullet & \bullet & \star & \ldots & \circ & \circ \\ \vdots & \vdots & \vdots & \ddots & \vdots & \vdots \\ \bullet & \bullet & \bullet & \ldots & \star & \circ \\ \bullet & \bullet & \bullet & \ldots & \bullet & \star \end{bmatrix}$$

Sejam:

$N_\circ$ = o número de peças ○

$N_\bullet$ = o número de peças ●

$N_\star$ = o número de peças ★

Note que há uma ★ em cada linha e que:

$N_\star = n$

A soma s que desejamos calcular é igual ao número de ● e ★:

$N_● + N_★ = s$
$N_● + n = s$
$N_● = s - n$

Além disso, há tantas peças ○ acima da diagonal quantas ● abaixo da diagonal ($N_○ = N_●$) e

$N_○ = s - n$

A soma $N_○ + N_● + N_★$ é igual ao número total de peças, que é n^2 (há n peças por linha e n linhas). Então:

$$N_○ + N_● + N_★ = n^2$$
$$(s - n) + (s - n) + n = n^2$$
$$2s - n = n^2$$
$$2s = n^2 + n$$
$$= n(n+1)$$
$$s = \frac{n(n+1)}{2}$$

Esses dois exemplos servem para mostrar que não basta aplicar as propriedades e regras que já conhecemos para "descobrir" truques novos. Também é preciso inventar um pouco, tentar novos caminhos e cometer alguns erros antes de acertar. Não se impressione se as provas anteriores pareceram difíceis ou cheias de truques. De certa forma, elas são mesmo. Descobrir possibilidades realmente novas é muito difícil. Copiar ou adaptar possibilidades que já existem, como fizemos, é mais fácil. De todo modo, as fórmulas anteriormente demonstradas são bastante úteis!

5

Expandindo os horizontes da exponenciação: os algoritmos de divisão e os processos de limites

5.1 Números negativos, nulos e positivos

A vida real está cheia de desigualdades numéricas: você vai ao supermercado e tenta comprar os produtos de **menor** preço; é aprovado em Matemática somente se sua nota é **igual** ou **maior que** a média; e muitos salários são menores que outros. Mas, afinal, o que significa um número ser **maior** ou **menor** que outro?

Assim como nos exemplos acima, as desigualdades desempenham um papel importante no próximo conjunto que você irá conhecer, o dos **números reais** ($\mathbb{R}$). Para compreendermos bem os números reais, precisamos compreender, antes, as desigualdades matemáticas.

Como sabemos, se x é um número racional, sempre existe um simétrico $(-x)$, que também é racional. Além disso, se $x \neq 0$, x e $(-x)$ são números distintos. Portanto, um número racional pode ser **negativo, nulo** ou **positivo**. Por exemplo:

- $-12/7$ é negativo
- 0 é nulo
- $3/5$ é positivo

Quando um número é **negativo**, costumamos dizer que ele é **menor que zero** e usamos o sinal **<**; quando é **nulo**, dizemos que ele é **igual a zero** e usamos o sinal **=**; quando é **positivo**, dizemos que é **maior que zero** e usamos o sinal **>**. Portanto:

- −12/7 < 0
- 0 = 0
- 3/5 > 0

A noção de menor, igual ou maior se estende para qualquer par x, y de números racionais da seguinte forma:

$$x < y \Leftrightarrow x - y < 0$$
$$x = y \Leftrightarrow x - y = 0$$
$$x > y \Leftrightarrow x - y > 0$$

Lembre-se de que já usei a definição de igualdade muitas vezes, nos capítulos anteriores. Eis alguns exemplos:

- $-2 > -3$, pois $-2 - (-3) = -2 + 3 = 1 > 0$

- $\dfrac{4}{2} = 2$, pois $\dfrac{4}{2} - 2 = \dfrac{4-4}{2} = 0/2 = 0$

- $\dfrac{11}{7} < \dfrac{12}{7}$, pois $\dfrac{11}{7} - \dfrac{12}{7} = \dfrac{11-12}{7} = -\dfrac{1}{7} < 0$

Às vezes, os sinais < e = são combinados numa única expressão ≤. Por exemplo:

$$x \leq y$$

Essa expressão significa que **x é menor que ou igual a y**. Vejamos outra expressão:

$$x \geq y$$

Essa expressão significa que **x é maior que ou igual a y**. Expressões como

$$x < y, \quad x \leq y, \quad x > y, \quad x \geq y$$

são chamadas *inequações* ou *desigualdades*. Em vez de x e y, vale ressaltar, podemos ter expressões bem mais complicadas. Resolver uma inequação significa encontrar uma desigualdade equivalente, na qual x aparece sozinho em um dos lados.

Resolver inequações é mais complicado que resolver equações, já que as regras para manipular inequações são mais complexas. As regras para manipular equações são:

$$x = y \Leftrightarrow x + a = y + a$$
$$x = y \Leftrightarrow ax = ay$$

Assim, é possível somar o mesmo número ou expressão nos dois lados de uma equação ou multiplicar ambos os lados pelo mesmo número ou expressão.

As regras para manipular inequações são as seguintes: se $a, x, y \in \mathbb{Q}$:

$$\forall a \in \mathbb{Q}: x < y \Leftrightarrow x + a < y + a$$
$$a > 0: x < y \Leftrightarrow ax < ay$$
$$a < 0: x < y \Leftrightarrow ax > ay$$

Ou seja, quando multiplicamos uma inequação por um número ou uma expressão negativos, invertemos o sentido da desigualdade. No entanto, ainda podemos somar (ou subtrair) livremente os dois lados de uma inequação a qualquer número. Seguem alguns exemplos:

- $3 < 4 \Leftrightarrow 3 - 3 < 4 - 3$,
- $2x < 2 \Leftrightarrow x < 1$,
- $-x < 7 \Leftrightarrow x > -7$.

Para provarmos a primeira regra, note que, pela definição de desigualdade entre dois números:

$$x < y \Leftrightarrow x - y < 0$$

Mas:

$$x - y + a - a < 0$$
$$(x + a) - (y + a) < 0$$
$$(x + a) < (y + a)$$

A segunda e a terceira regras são resultado de uma das novas regras inevitáveis que vimos no Capítulo 1. Lembre-se:

$$-1 \times a = -a$$

A consequência disso são as regras referentes ao sinal de um produto, que ilustrarei a seguir:

$$3 \times 4 = 12$$

$$-3 \times 4 = (-1 \times 3) \times 4$$
$$= -1 \times (3 \times 4) = -12$$
$$(-3) \times (-4) = (-1 \times 3) \times (-1 \times 4)$$
$$= (-1) \times (-1) \times (3 \times 4)$$
$$= (-1) \times (-12) = 12$$

Como você deve lembrar, o produto de dois números positivos é **positivo**; o produto de um número negativo por um positivo é **negativo**, e o produto de dois números negativos é **positivo**. Essa não é uma regra mágica, e sim uma consequência das propriedades da soma e da multiplicação.

Muito bem! Agora, se $a > 0$:

$$x < y \Leftrightarrow x - y < 0$$
$$\Leftrightarrow a(x - y) < 0$$
$$\Leftrightarrow ax - ay < 0$$
$$\Leftrightarrow ax < ay$$

Por outro lado, se $a < 0$:

$$x < y \Leftrightarrow x - y < 0$$
$$\Leftrightarrow a(x - y) > 0$$
$$\Leftrightarrow ax - ay > 0$$
$$\Leftrightarrow ax > ay$$

Note que o produto $a(x-y)$ é positivo, porque a é negativo e $(x-y)$ também. Aproveitarei o embalo e mostrarei outros exemplos:

$$7x + 3 < 4 \Leftrightarrow 7x + 3 - 3 < 4 - 3$$
$$\Leftrightarrow 7x < 1$$
$$\Leftrightarrow 7x \times \frac{1}{7} < 1 \times \frac{1}{7}$$
$$\Leftrightarrow x < \frac{1}{7}$$

$$-9x + 5 > 2 \Leftrightarrow -9x + 5 - 5 > 2 - 5$$
$$\Leftrightarrow -9x > -3$$
$$\Leftrightarrow -9x \times -\frac{1}{9} < -3 \times -\frac{1}{9}$$
$$\Leftrightarrow x < \frac{1}{3}$$

Repare como, dessa vez, multiplicamos ambos os lados da penúltima linha por $-1/9$ e trocamos o sentido da desigualdade, pois $-1/9$ é **negativo**.

É triste quando não sabemos se estamos multiplicando uma inequação por um número positivo ou negativo. Suponha que você queira resolver a seguinte equação:

$$\frac{7x + 3}{4x - 2} < 5$$

Obviamente, a ideia é multiplicar ambos os lados da inequação pelo denominador $(4x-2)$ da fração, mas o que fazer com o sentido da desigualdade? Na dúvida, você precisa resolver ambas as hipóteses $(4x-2 < 0$ e $4x-2 > 0)$ e ver o que acontece em cada caso.

Caso 1: $4x - 2 < 0$. Então:

$$4x - 2 < 0 \Rightarrow x < \frac{1}{2},$$

sendo que a inequação fica da seguinte forma:

$$\frac{7x+3}{4x-2} < 5 \Rightarrow$$
$$7x + 3 > 5(4x - 2) \Rightarrow$$
$$7x + 3 > 20x - 10 \Rightarrow$$
$$-13x > -13 \Rightarrow$$
$$x < 1$$

A solução, nesse caso, é a interseção entre a hipótese $x < 1/2$ e o resultado $x < 1$:

$$\{ x < 1/2 \} \cap \{ x < 1 \} = \{ x < 1/2 \}$$

Caso 2: $4x - 2 > 0$. Então:

$$4x - 2 > 0 \Rightarrow x > \frac{1}{2},$$

sendo que a inequação fica da seguinte forma:

$$\frac{7x+3}{4x-2} > 5 \Rightarrow$$
$$7x + 3 < 5(4x - 2) \Rightarrow$$
$$7x + 3 < 20x - 10 \Rightarrow$$
$$-13x < -13 \Rightarrow$$
$$x > 1$$

A solução, nesse caso, é a interseção entre a hipótese $x > 1/2$ e o resultado $x > 1$:

$$\{ x > 1/2 \} \cap \{ x > 1 \} = \{ x > 1 \}$$

Em ambas as hipóteses, existem soluções possíveis. Dessa forma, a solução da inequação é:

$$\{ x < 1/2 \} \cup \{ x > 1 \}$$

Isto é: $x < 1/2$ **ou** $x > 1$

Isso nem sempre acontece: às vezes, elaboramos uma hipótese e obtemos um resultado contraditório, o que significa que não há solução associada à hipótese. Considere, por exemplo, a solução de:

$$\frac{3x-7}{4x-5} > 3$$

Caso 1: $4x - 5 < 0$. Então:

$$4x - 5 < 0 \Rightarrow x < \frac{5}{4},$$

sendo que a inequação fica da seguinte forma:

$$\frac{3x-7}{4x-5} > 3 \Rightarrow$$
$$3x - 7 < 3(4x - 5) \Rightarrow$$
$$3x - 7 < 12x - 15 \Rightarrow$$
$$-9x < -8 \Rightarrow$$
$$x > 8/9$$

A solução deste caso a interseção entre a hipótese $x < 5/4$ e o resultado $x > 8/9$:

$$\{x < 5/4\} \cap \{x > 8/9\} =$$
$$\{8/9 < x < 5/4\}$$

Caso 2: $4x - 5 > 0$. Então:

$$4x - 5 > 0 \Rightarrow x > \frac{5}{4},$$

sendo que a inequação fica da seguinte forma:

$$\frac{3x-7}{4x-5} < 3 \Rightarrow$$
$$3x - 7 > 3(4x - 5) \Rightarrow$$
$$3x - 7 > 12x - 15 \Rightarrow$$
$$-9x > -8 \Rightarrow$$
$$x < 8/9$$

A solução deste caso é a interseção entre a hipótese $x > 5/4$ e o resultado $x < 8/9$:

$$\{x > 5/4\} \cap \{x < 8/9\} = \varnothing$$

Repare que, nesse exemplo, a hipótese $4x - 5 > 0 \Rightarrow x > 5/4$ leva ao resultado contraditório **x < 8/9**. Portanto, não há solução possível para $x > 5/4$. A solução do problema corresponde apenas ao **caso 1**:

$$\{8/9 < x < 5/4\}$$

Figura 5.1 – Solução gráfica das inequações $(7x + 3)/(4x - 2) < 5$ e $(3x - 7)/(4x - 5) > 3$. Os intervalos de x que são a solução correspondem às regiões em cinza.

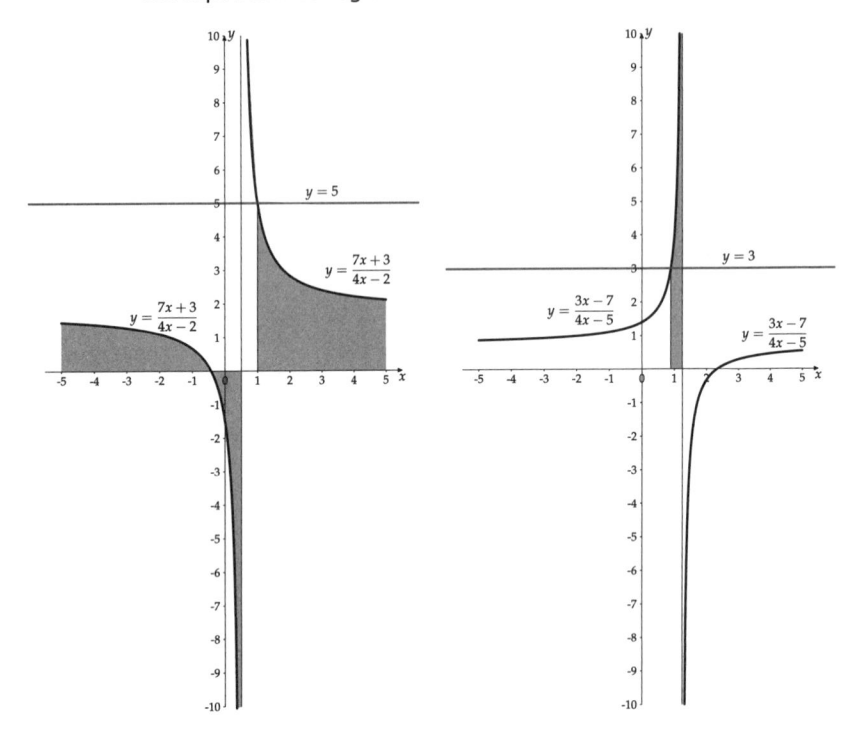

Valores absolutos: o valor absoluto – ou o módulo de um número x – é indicado por $|x|$ e definido da seguinte maneira:

$$|x| = \begin{cases} x \text{ se } x \geq 0 \\ (-x) \text{ se } x < 0 \end{cases}$$

Portanto:

$$|0| = 0, \ |1| = 1, \ |-12/7| = 12/7$$

Note que o módulo de um número é **sempre positivo**.

5.2 Os expoentes negativos e a representação dos números

Até este ponto, a expressão

$$y = a^x$$

só "valia" se $a > 0$ fosse um número **racional positivo** e x um número **natural**. O nosso objetivo agora é torná-la o mais geral possível. Começaremos, portanto, tentando utilizar expoentes negativos. Qual o significado de 2^{-1}?

Lembre-se de que desejamos manter as "velhas regras" intactas: se

$$a^x \times a^y = a^{x+y},$$

obteremos expoentes negativos se $x + y = 0$. Nesse caso, $y = -(x)$ e:

$$a^x \times a^{-x} = a^0 = 1$$

Portanto:

$$a^{-x} = \frac{1}{a^x}$$

é a maneira natural de definirmos **expoentes negativos**. Seguem-se alguns exemplos:

- $a^{-2} = \dfrac{1}{a^2}$

- $10^{-4} = \dfrac{1}{10^4}$

- $3^{-1} = \dfrac{1}{3}$

O uso de expoentes inteiros positivos e negativos é muito útil para representar números na **base 10**. Observe que:

$$7 \times 10^{-1} = 7 \times \frac{1}{10} = \frac{7}{10}$$

Nós já sabemos que o significado de 231 é:

$$231 = 2 \times 10^2 + 3 \times 10^1 + 1 \times 10^0$$

Uma maneira natural de estender essa convenção para frações cujo denominador é 10 é escrever o seguinte:

- $1{,}73 = 1 \times 10^0 + 7 \times 10^{-1} + 3 \times 10^{-2}$

$$= 1 + \frac{7}{10} + \frac{3}{100}$$

$$= \frac{100 + 70 + 3}{100}$$

$$= \frac{173}{100}$$

- $2{,}918 = 2 \times 10^0 + 9 \times 10^{-1} + 1 \times 10^{-2} + 8 \times 10^{-3}$

$$= 2 + \frac{9}{10} + \frac{1}{100} + \frac{8}{1.000}$$

$$= \frac{2.000 + 900 + 10 + 8}{1.000}$$

$$= \frac{2.918}{1.000}$$

- $40{,}45 = 4 \times 10^1 + 0 \times 10^0 + 4 \times 10^{-1} + 5 \times 10^{-2}$

$$= 40 + 0 + \frac{4}{10} + \frac{5}{100} =$$

$$= \frac{4.000 + 40 + 5}{100}$$

$$= \frac{4.045}{100}$$

Portanto, qualquer número do tipo

$$\ldots d_2 d_1 d_0, d_{-1} d_{-2} \ldots$$

é, por definição, uma soma dos dígitos d_p (0 – 9) multiplicados por potências inteiras de 10:

$$\ldots d_2 d_1 d_0, d_{-1} d_{-2} \ldots =$$
$$\ldots + d_2 \times 10^2 + d_1 \times 10^1 + d_0 \times 10^0 + d_{-1} \times 10^{-1} + d_{-2} \times 10^{-2} + \ldots$$

A representação anterior traz alguns problemas. Gostaria de ser capaz de representar qualquer número racional da maneira demonstrada anteriormente, mas isso não é possível. Até agora, provamos certos elementos, como fórmulas e regras. Neste momento, você verá algo que também acontece na matemática: a prova de que certas coisas são impossíveis. Usarei, como exemplo, a fração 3/7. É impossível escrevermos 3/7 na forma $n/(10^p)$, em que n e p são números naturais. Veja o motivo: se isso fosse possível, então

$$\frac{3}{7} = \frac{n}{10^p}$$

$$3 \times 2^p \times 5^p = 7 \times n$$

$$n = \frac{3 \times 2^p \times 5^p}{7}$$

A fração do lado direito envolve fatores primos distintos no numerador (3, 2^p, 5^p) e no denominador (7): números primos só são divisíveis por eles mesmos e por um, de modo que não existe nenhum número natural n com a forma mostrada.

Isso não chega a ser um grande problema, já que podemos aproximar a fração 3/7 por uma fração do tipo $n/(10p)$ tão bem quanto desejarmos. Por exemplo: se $p = 1$, podemos perguntar: qual é o número inteiro a tal que

$$\frac{3}{7} > \frac{a}{10}$$

e a diferença

$$\frac{3}{7} - \frac{a}{10}$$

é mínima? Note que:

$$\frac{3}{7} > \frac{a}{10} \Rightarrow$$

$$30 > 7a \Rightarrow$$

$$30 - 7a > 0,$$

de modo que basta encontrarmos o valor de a para o qual $30 - 7a > 0$ é mínimo. Partindo de $a = 1$ e incrementando a, a diferença vai se tornando cada vez menor, até que, para $a = 5$, ela se torna negativa:

a	$30 - 7a$
1	23
2	16
3	9
4	2
5	−5

Expandindo os horizontes da exponenciação:
os algoritmos de divisão e os processos de limites   105

Ou seja, encontrar a **menor** diferença é o mesmo que achar o **maior** inteiro a tal que $3/7 - a/10 > 0$. Isso nos dá uma primeira aproximação para 3/7:

$$3/7 \approx \frac{4}{10}, \text{ que significa:}$$

3/7 é aproximadamente igual a 4/10.

Essa forma de escrever uma aproximação não permite dizer qual é o seu "erro". No caso anterior, o erro é $3/7 - 4/10 = 2/70$, que é menor que 1/10, porque escolhemos o maior a possível e, portanto, a diferença precisa ser **menor** que 1/10. A maneira de escrever isso é:

$$\frac{3}{7} = \frac{4}{10} + o\left(\frac{1}{10}\right),$$

em que o (1/10) significa um número cujo módulo é menor que 1/10.

Você já deve estar imaginando qual é a maneira de se melhorar a aproximação (diminuir a diferença): basta utilizarmos valores sucessivamente maiores de p no denominador. Dessa maneira, se $p = 2$, o denominador é 100. Encontre, então, o número inteiro b para o qual

$$\frac{3}{7} - \frac{b}{100} > 0 \Leftrightarrow 300 - 7b > 0$$

é mínimo. Eis uma tabela resumida com sucessivos valores de b:

b	$300 - 7b$
1	293
2	286
⋮	⋮
40	20
41	13
42	6
43	−1

Portanto:

$$\frac{3}{7} \approx \frac{42}{100} = \frac{4}{10} + \frac{2}{100} = 0{,}42 \text{ e}$$

$$\frac{3}{7} = \frac{42}{100} + \frac{6}{700} \text{ ou}$$

$$\frac{3}{7} = \frac{42}{100} + o\left(\frac{1}{100}\right)$$

Se você ainda não se satisfez com um erro menor que 1/100, procure c tal que

$$\frac{3}{7} - \frac{c}{1.000} > 0 \Leftrightarrow 3.000 - 7c > 0$$

seja mínimo. A tabela necessária, desta vez, seria enorme e iria requerer muitas páginas. Por isso foi resumida:

c	$3.000 - 7c$
1	2.993
2	2.986
⋮	⋮
420	60
421	53

c	3.000 − 7c
422	46
423	39
424	32
425	25
426	18
427	11
428	4
429	−3

Portanto:

$$\frac{3}{7} \approx \frac{428}{1.000} = \frac{4}{10} + \frac{2}{100} + \frac{8}{1.000} = 0{,}428 \text{ e}$$

$$\frac{3}{7} = \frac{428}{1.000} + \frac{5}{7.000} \text{ ou}$$

$$\frac{3}{7} = \frac{428}{100} + o\left(\frac{1}{1.000}\right)$$

Neste capítulo, um padrão começou a aparecer. Primeiramente, deixe-me esclarecer o seguinte: obviamente, estamos **dividindo** o número 3 pelo número 7; o resultado que obtivemos até agora (0,428) é o mesmo que você obteria se efetuasse a divisão "manualmente" ou se utilizasse uma máquina de calcular (uma calculadora lhe apresentaria mais casas decimais, vale ressaltar). Além disso, gostaria de deixar claro que não calculamos 43 diferenças na segunda tabela e muito menos 429 na terceira. A segunda tabela começou "pra valer" em $b = 40 = 4 \times 10$, porque a primeira terminou em $a = 4$. Da mesma forma, a terceira tabela só precisou ser calculada a partir de $c = 420 = 42 \times 10$, já que a segunda tabela terminou em $b = 42$. Com um pouco de "esperteza", portanto, é possível calcular as aproximações sucessivas aproveitando-se as anteriores. Note, também, que as diferenças em cada etapa podem ser obtidas com base na divisão da segunda coluna da penúltima linha das tabelas por 7×10^p: 2/70, 6/700, 5/7.000.

Portanto, uma maneira de aproveitarmos os resultados anteriores para calcular aproximações melhores é a seguinte: comece da mesma maneira que antes, achando o maior número inteiro x tal que $3/7 - x/10 > 0$.

Esse número, naturalmente, é igual a **4**. Uma maneira resumida de escrever isso é:

$$4 = \max_{x} \mid \left\{ \frac{3}{7} - \frac{x}{10} > 0 \right\}$$

É sempre mais conveniente trabalharmos com produtos de números inteiros:

$$\max_{x} \mid \left\{ \frac{3}{7} - \frac{x}{10} > 0 \right\} =$$

$$\max_{x} \mid \{30 - 7x > 0\} = 4,$$

sendo que a diferença inteira é $30 - 7 \times 4 = 2$.

Pela nossa experiência com as enormes tabelas anteriores, sabemos que a aproximação que virá na sequência é da seguinte forma:

$$\frac{4}{10} + \frac{x}{100},$$

sendo que o 4/10 já está calculado. Portanto, resolva o seguinte problema:

$$\max_{x} | \left\{ \frac{3}{7} - \left(\frac{4}{10} + \frac{x}{100} \right) > 0 \right\} =$$

$$\max_{x} | \{300 - (40 \times 7 + 7x) > 0\} =$$

$$\max_{x} | \{300 - 280 - 7x > 0\} =$$

$$\max_{x} | \{20 - 7x > 0\} = 2,$$

e a diferença inteira é $20 - 7 \times 2 = 6$. Repare como a diferença inteira 2 da etapa anterior apareceu na última linha sob a forma de $2 \times 10 - 7x > 0$. Isso não é coincidência!

A forma da aproximação seguinte é:

$$\frac{4}{10} + \frac{2}{100} + \frac{x}{1.000}$$

Portanto:

$$\max_{x} | \left\{ \frac{3}{7} - \left(\frac{4}{10} + \frac{2}{100} + \frac{x}{1.000} \right) > 0 \right\} =$$

$$\max_{x} | \{3.000 - (400 \times 7 + 20 \times 7 + 7x) > 0\} =$$

$$\max_{x} | \{3.000 - 2.800 - 140 - 7x > 0\} =$$

$$\max_{x} | \{60 - 7x > 0\} = 8,$$

sendo que a diferença inteira é $60 - 7 \times 8 = 4$. Novamente, repare como a diferença anterior (6) passou para a última linha como $6 \times 10 - 7x > 0$. O número que encontramos, obviamente, é o mesmo de antes: $3/7 \approx 0{,}428$. Observe que em cada etapa precisamos apenas da desigualdade inteira, sendo que a diferença obtida "passa" para a próxima etapa como a nova desigualdade. Portanto, o número realmente necessário de cálculos é bastante pequeno. O procedimento pode ser resumido na seguinte tabela:

$\max_{x}$	=	diferença
$30 - 7x > 0$	4	2
$20 - 7x > 0$	2	6
$60 - 7x > 0$	8	4
⋮	⋮	⋮

Na verdade, agora ficou tão fácil calcular divisões que decidi calcular 3/7 com 12 casas decimais. Eis a tabela:

$\max_{x}$	=	diferença
$30 - 7x > 0$	4	2
$20 - 7x > 0$	2	6
$60 - 7x > 0$	8	4
$40 - 7x > 0$	5	5
$50 - 7x > 0$	7	1
$10 - 7x > 0$	1	3
$30 - 7x > 0$	4	2
$20 - 7x > 0$	2	6
$60 - 7x > 0$	8	4
$40 - 7x > 0$	5	5
$50 - 7x > 0$	7	1
$10 - 7x > 0$	1	3
⋮	⋮	⋮

Os dígitos começaram a se repetir, e isso vai continuar ocorrendo "até o infinito". Obviamente, as seis primeiras linhas dessa tabela vão se repetir para sempre. Além disso, repare que a aproximação fica cada vez melhor! Com 12 casas decimais,

$$\frac{3}{7} = 0,428571482571 + o\left(\frac{1}{1.000.000.000.000}\right),$$

sendo que o "erro" de 10^{-12} fantasticamente é pequeno. Se continuássemos a escrever aproximações melhores para 3/7, o erro continuaria a diminuir e ficar cada vez mais próximo de zero (e, portanto, os valores (aproximações) ficariam cada vez mais próximos de 3/7). Para simplificar, simplesmente dizemos que 3/7 é **igual** a uma sequência infinita de aproximações:

$$\frac{3}{7} = 0{,}428571\,428571\,428571\,428571\ldots$$

É importante lembrar que nem toda divisão resulta numa sequência infinita. Eis um caso mais simples: 1/8. Nossa tabela, agora, é a seguinte:

max $\mid x$	=	diferença
$10 - 8x > 0$	1	2
$20 - 8x > 0$	2	4
$40 - 8x > 0$	5	0
$\vdots$	$\vdots$	$\vdots$

Isso é o "fim da linha", pois conseguimos uma divisão exata na terceira casa decimal: 1/8 é **igual** a 0,125. Na verdade, somente estes dois casos são possíveis: ou a divisão é exata, como em 1/8, ou os dígitos da divisão repetem-se indefinidamente, como no caso de 3/7. Nessa última situação, temos uma **dízima periódica**. O problema disso é que, quanto maior for o número inteiro do denominador, maiores poderão ser os **períodos** da dízima. Por exemplo:

$$\frac{39}{51} = 0{,}76470588235294117647058823529411\ldots$$

Está claro que o que fizemos acima nada mais é do que o procedimento para a divisão de dois números, que você aprendeu no ensino fundamental. Existem várias maneiras de se "armar" uma divisão. Elas variam com a época e o país mas, mesmo assim, correspondem ao processo mostrado anteriormente. Eis aqui a maneira como se aprende, geralmente, a dividir 1 por 8:

```
  1 0    | 8
    8    | 0, 1 2 5
  ─────
    2 0
    1 6
    ─────
      4 0
      4 0
      ─────
        0
```

Até aqui, você aprendeu o seguinte: expoentes negativos são muito úteis para se escreverem números racionais na forma $n/(10^p)$, em que n e p são números inteiros. Entretanto, muitos números, inclusive racionais, não podem ser expressos dessa forma, ou seja, nossas calculadoras e computadores, apesar de extraordinariamente potentes, não são capazes de representar exatamente um número tão banal quanto 3/7 na base 10.

Existem outros casos banais, que, muitas vezes, surpreendem. Refiro-me a algumas dízimas periódicas mais simples e menos dissimuladas que 3/7. Considere o seguinte problema: eu lhe dou uma dízima periódica para que você encontre a fração correspondente, ou vice-versa. Por exemplo: como escrever 0,111111... em forma fracionária? Esse é um problema cuja solução deve ter sido ensinada por meio de algum "truque", que você, possivelmente, já esqueceu. Caso você tenha uma memória excelente, talvez lhe venha à mente colocar um "1" no numerador e um "9" no denominador: a resposta é 1/9. De fato, se você fizer essa operação em uma calculadora, o resultado será 0,111111... . Para entendermos por que 1/9 = 0,111111..., precisamos rever um dos conceitos do Capítulo 4:

$$1 + x + x^2 + \ldots + x^n = \frac{1 - x^{n+1}}{1 - x}$$

Eu gostaria de fazer duas observações a respeito dessa fórmula: a primeira é que ela é uma soma **finita**, ou seja, de 0 a n, com $n + 1$ termos. A segunda é que ela vale para qualquer número x, tanto para os que já encontramos nos conjuntos $\mathbb{N}$, $\mathbb{Z}$ e $\mathbb{Q}$ como para os que iremos conhecer logo mais.

No caso da fórmula acima, para resolvê-la, primeiramente, iremos supor que o valor absoluto de x é menor que 1: $|x| < 1$; depois, faremos n crescer. Por exemplo: se $x = 0,1$, somando até $n = 1, 2, 3$, obteremos:

$$1 + \frac{1}{10} = 1,1$$

$$1 + \frac{1}{10} + \frac{1}{100} = 1,11$$

$$1 + \frac{1}{10} + \frac{1}{100} + \frac{1}{1.000} = 1,111$$

Ficou claro que a dízima periódica 1,111… nada mais é que uma sucessão de somas $1 + 0{,}1 + (0{,}1)^2 + \ldots$ até n igual a… infinito! Isso significa que devemos somar infinitos termos do tipo x^n. É bom lembrar que calculadoras e seres humanos sempre acabam "parando" em alguma casa decimal, seja ela a terceira, a décima ou a milésima. Diante dessa afirmação, você deve estar se perguntando o seguinte: faz sentido falarmos de somas infinitas? A resposta é "sim", desde que tenhamos certeza de que, cada vez que aumentarmos o valor de n, a soma se aproximará de um **número fixo**. Os matemáticos chamam esse número fixo de *limite da soma*. Qual é o limite da soma $1 + 0{,}1 + (0{,}1)^2 + \ldots$? A resposta está na seguinte fórmula:

$$1 + x + x^2 + \ldots + x^n = \frac{1 - x^{n+1}}{1 - x} = \frac{1}{1-x} + \frac{-x^{n+1}}{1-x}$$

Note que a primeira fração do lado direito, $1/(1-x)$, **não depende de n**, enquanto a segunda fração **depende**. Eis uma tabela com os valores da primeira e da segunda frações para n de 1 a 10 quando $x = 0{,}1$:

n	$\frac{1-x^n}{1-x}$	$\frac{x^{n+1}}{1-x}$
1	1,1	0,01111111111…
2	1,11	0,00111111111…
3	1,111	0,00011111111…
4	1,1111	0,00001111111…
5	1,11111	0,00000111111…
6	1,111111	0,00000011111…
7	1,1111111	0,00000001111…
8	1,11111111	0,00000000111…
9	1,111111111	0,00000000011…
10	1,1111111111	0,00000000001…

O que podemos notar é que a diferença

$$\delta = \left| \frac{x^{n+1}}{1-x} \right| = \left| \frac{1}{1-x} - (1 + x + \ldots + x^n) \right|$$

fica cada vez menor. Não se impressione com o símbolo δ. Ele representa a letra grega *delta*, cuja correspondente no alfabeto romano é a letra *d*. Matemáticos costumam usar δ para indicar **diferenças**. Além disso, usa-se o valor absoluto (que são os dois traços verticais), pois o que realmente importa é a distância entre os números $1 + x + \ldots + x^n$ e $1/(1+x)$.

Dessa forma, quanto maior o valor de n, menor é δ e mais próxima de $1/(1-x)$ fica a soma $1 + x + \ldots + x^n$. Nós dizemos que $1/(1-x)$ é o **limite** da soma $1 + x + \ldots + x^n$ quando n tende para o infinito:

$$\lim_{n \to \infty} 1 + x + \ldots + x^n = \frac{1}{1-x}$$

Novamente, não há motivo para pânico:

$$\lim_{n \to \infty} (\ldots)$$

é simplesmente uma maneira abreviada de dizermos "o limite quando n tende a infinito de $(\ldots)$". Se quiser, simplesmente ignore o símbolo. Essa explicação foi feita para que você se sinta confortável com as seguintes linhas:

se $x = 0{,}1$, então:
$1 + x + x^2 + x^3 + \ldots =$

$1 + 0{,}1 + 0{,}01 + 0{,}001 + \ldots =$

$1{,}111 + \ldots = \dfrac{1}{1 - 0{,}1}$

$$= \frac{1}{0{,}9} = \frac{1}{9/10} = \frac{10}{9}$$

Portanto:

$$0{,}111\ldots = 1{,}111 - 1 = \frac{10}{9} - 1 = \frac{1}{9},$$

como você possivelmente decorou no ensino fundamental de sua escola. Vamos praticar:

$$0{,}212121\ldots = ?$$

O caminho até a fração cujo significado é 0,212121… é apenas um pouco mais complicado. Primeiramente, precisamos escrever:

$$0{,}212121\ldots = \frac{21}{100} + \frac{21}{100^2} + \frac{21}{100^3} + \ldots$$

Mentes mais sagazes vislumbrarão que a operação anterior é uma soma de termos com o número 21 em comum. Assim, que tal usarmos a propriedade distributiva? Entretanto, não sabemos se podemos aplicar a propriedade distributiva a uma soma **infinita**. É mais prudente começar a escrever o seguinte:

$$0{,}\underbrace{21}_{1}\ \underbrace{21}_{2}\ \underbrace{21}_{3}\ldots\underbrace{21}_{n} = \frac{21}{100} + \frac{21}{100^2} + \frac{21}{100^3} + \ldots \frac{21}{100^n}$$

Essa é uma soma **finita** e, portanto, podemos escrevê-la como:

$$= \frac{21}{100}\left[1 + \frac{1}{100} + \ldots + \frac{1}{100^{n-1}}\right]$$

Agora, a dízima periódica que temos é:

Expandindo os horizontes da exponenciação: os algoritmos de divisão e os processos de limites 117

$$\lim_{n \to \infty} 0, \underbrace{21}_{1} \underbrace{21}_{2} \underbrace{21}_{3} \ldots \underbrace{21}_{n} =$$

$$\lim_{n \to \infty} \frac{21}{100} \left[1 + \frac{1}{100} + \ldots + \frac{1}{100^{n-1}} \right],$$

sendo que a soma entre chaves é:

$$1 + \frac{1}{100} + \ldots + \frac{1}{100^{n-1}} + \ldots = \frac{1}{1 - \frac{1}{100}} = \frac{100}{99}$$

Portanto:

$$0{,}21212121\ldots = \frac{21}{100} \times \frac{100}{99} = \frac{21}{99}$$

Devo observar que o trecho acima envolve o fato (que eu não provei) de que **o limite do produto é o produto dos limites**:

$$\lim_{n \to \infty} \frac{21}{100} \left[1 + \frac{1}{100} + \ldots + \frac{1}{100^n} \right] =$$

$$\lim_{n \to \infty} \frac{21}{100} \times \lim_{n \to \infty} \left[1 + \frac{1}{100} + \ldots + \frac{1}{100^n} \right] =$$

$$\frac{21}{100} \times \frac{100}{99} = \frac{21}{99}$$

Algo parecido é descobrir, por exemplo, qual é a representação decimal de 655/999. Creio que a sua resposta para essa questão será:

$$\frac{655}{999} = 655\,655\,655\,655\ldots$$

A resposta está correta! Mesmo assim, uma prova precisa ser feita. Para isso, simplesmente seguimos o procedimento anterior "ao contrário". Veja:

$$\frac{655}{999} = \frac{655}{1.000} \times \frac{1.000}{999}$$

$$= \frac{655}{1.000} \times \frac{1}{\frac{999}{1.000}}$$

$$= \frac{655}{1.000} \times \frac{1}{1 - \frac{1}{1.000}}$$

$$= \frac{655}{1.000} \times \left[1 + \frac{1}{1.000} + \frac{1}{1.000^2} + \cdots\right]$$

Agora, usaremos a propriedade distributiva para caminhar mais rapidamente, pois sabemos que, nesse caso, ela funciona:

$$\frac{655}{999} = \frac{655}{1.000} + \frac{655}{1.000^2} + \frac{655}{1.000^3} + \cdots$$

$$= 0{,}655\,655\,655\,655\ldots$$

5.3 Formalizando limites

Seria uma pena não aproveitarmos o "gancho" da introdução do símbolo δ, mencionado há algumas páginas. Você deve estar se perguntando: por que inventar δ e usar o módulo da diferença? Por que complicar? Eis a explicação: primeiramente, porque os homens que viviam na Europa no século XVIII, quando os "δ" apareceram pela primeira vez para definir limites, estavam muito mais próximos da cultura clássica grega do que nós, que vivemos no Novo Mundo e assistimos à televisão. Para a maioria deles, que lia grego, o δ era um símbolo tão comum quanto d é para nós. Além disso, passamos a necessitar de mais símbolos à medida que começamos a conhecer os números e a álgebra.

Se você se lembra dos exemplos com dízimas que acabamos de ver, eis o que eles têm de essencial:

1. Há uma sequência s_n com as somas até n:

$$s_n = 1 + x + x^2 + \ldots + x^n$$

2. À medida que n cresce, essa soma se aproxima cada vez mais de um limite s:

$$s = \frac{1}{1-x}$$

3. Portanto, s_n tende a s:

$$s_n \to s$$

4. A distância entre s_n e s, que chamamos de δ, é o módulo da diferença entre s_n e s:

$$\delta = |s_n - s|$$

5. À medida que n cresce, δ fica cada vez menor (veja a coluna de $|x^{n+1}/(1-x)|$, na página 114), ou seja, δ tende a zero:

$$\delta \to 0$$

Eis a definição de limite:

> Dizemos que a sequência s_n **tende para s, ou tem limite s**, se, para qualquer δ positivo (tão pequeno quanto queiramos), houver sempre um n a partir do qual $|s_n - s| < \delta$.

"Brincar" de limite é o seguinte: digamos que lhe mostro uma sequência de termos e digo que seu limite é s. Você, então, deverá imaginar um número bem pequeno δ ($\delta = 0{,}001$, por exemplo). Em seguida, você descobrirá que, a partir de algum n (digamos, $n = 11$):

$|s_{11} - s| < 0{,}001$
$|s_{12} - s| < 0{,}001$
$\vdots$

Ou seja, para qualquer $p > n$, $|s_p - s| < \delta$. Descontente, você imagina um δ menor ainda: $0{,}000001$. Em seguida, descobre que, a partir de $n = 99$, $|s_p - s| < 0{,}000001$. Não importa o quão pequeno seja o seu δ: se existe um **limite** para s_n, você sempre encontrará um n a partir do qual s_n é tão próximo de s quanto você desejar. O conceito de limite se refere justamente a isso!

5.4 Refletindo sobre o caminho percorrido

No Capítulo 4, esgotamos os horizontes da soma e da multiplicação. Neste capítulo, começamos a expandir os horizontes da exponenciação. O simples fato de admitirmos expoentes negativos nos levou à representação de números fracionários, como $0{,}173$.

Um "acidente" envolvendo a base 10 se refere ao fato de que nem todos os números racionais têm representação finita. Por exemplo: 3/7 e 1/9 são frações tão boas quanto 1/4 e 2/5. As duas

Expandindo os horizontes da exponenciação:
os algoritmos de divisão e os processos de limites 121

primeiras, no entanto, são representadas por sequências infinitas de dígitos, enquanto as duas últimas não:

$$\frac{3}{7} = 0{,}428571428571428571\ldots$$

$$\frac{1}{9} = 0{,}111111111\ldots$$

$$\frac{1}{4} = 0{,}25$$

$$\frac{2}{5} = 0{,}4$$

Quando nos envolvemos com casos como esse, descobrimos a utilidade das desigualdades para **aproximar** um número s por uma sequência truncada até o enésimo dígito: $s_6 = 0{,}111111$ é a aproximação de $s = 1/9$ com seis casas decimais. Com isso, você compreendeu o motivo da existência das regras de divisão que lhe ensinaram no ensino fundamental. Além disso, a seguinte operação o ajudou a entender de outra forma as dízimas periódicas e lhe deu o gancho para tratar de letras gregas e de limites:

$$1 + x + x^2 + \ldots + x^n = \frac{1 - x^{n+1}}{1 - x}$$

Entretanto, continuamos no conjunto dos números racionais: todos os números deste capítulo ainda são frações. O próximo capítulo tratará dos números **irracionais** e nos aproximará do fim da "nossa jornada".

6

Expoentes fracionários e números irracionais

6.1 A raiz quadrada

Conforme comentei na conclusão do Capítulo 5, não há mais grandes conquistas a serem alcançadas com as operações de soma, multiplicação, subtração e divisão. A exponenciação, entretanto, ainda nos oferece um vasto horizonte a ser explorado: o **conjunto dos números irracionais**.

Vamos nos situar: até agora, a expressão

$$y = a^x$$

faz sentido se $a > 0$ e x são números racionais e x é um número inteiro. Você já deve estar imaginando o próximo passo: vejamos o que acontecerá se o expoente x não for mais inteiro, e sim racional. Em outras palavras, o que significa

$$y = a^{p/q},$$

em que p e q são números inteiros?

Na verdade, basta olharmos para o caso $p = 1$, $q \in \mathbb{N}$ e $q \neq 0$. O número

$$y = a^{1/q}$$

é chamado de raiz q (ou raiz q-ésima) de a ($q=2$, raiz quadrada; $q=3$, raiz cúbica; $q=4$, raiz quarta etc.). Uma vez conhecido $a^{1/q}$, basta multiplicá-lo por ele próprio p vezes para obtermos $a^{p/q}$:

$$a^{p/q} = \underbrace{a^{1/q} \times a^{1/q} \times \ldots \times a^{1/q}}_{p \text{ vezes}}$$

Além disso:

$$y^q = (a^{1/q})^q = a^{q/q} = a^1 = a$$

Extrair a raiz q de um número a significa encontrar o número y que, multiplicado por si mesmo q vezes, é igual a a. Simples, não? Nem tanto! Por exemplo:

$$y = 2^{1/2}$$

é a raiz quadrada de 2 e, conforme veremos, esse número não pertence ao conjunto $\mathbb{Q}$ dos racionais. Um símbolo muito usado para exprimir raízes é $\sqrt{}$. Quando ele não contém nenhum número no "telhado", subentende-se que se trata de raiz quadrada:

$$2^{1/2} = \sqrt[2]{2} = \sqrt{2}$$

Quando, por outro lado, há um número no "telhado", ele indica a raiz q:

$$y^{1/q} = \sqrt[q]{y}$$

Note que essa é apenas uma maneira diferente de escrever a raiz quadrada. Às vezes, ela pode ser conveniente, mas você tem todo o direito de achar que o uso de dois símbolos é

Expoentes fracionários e números irracionais 125

desnecessariamente complicado. Entretanto, precisamos conviver com a diversidade, de modo que usarei tanto a raiz quanto o expoente fracionário, dependendo da situação.

A introdução da operação raiz quadrada produz um fato surpreendente:

> Não existe nenhum número racional cujo quadrado seja igual a 2.

Isso significa que a raiz quadrada de 2, ou seja, $\sqrt{2}$, caso esta exista, **não é um número racional.**

"Mas como?", você deve estar se perguntando. Explico: um resultado típico para $\sqrt{2}$ em uma calculadora é 1,414214. Portanto:

$$\sqrt{2} \stackrel{?}{=} 1{,}414214 \stackrel{?}{=} \frac{1.414.214}{1.000.000},$$

que é um número **racional**, certo? A esta altura, talvez você já tenha percebido que a resposta é "não", pois 1,414214 é apenas uma **aproximação** de $\sqrt{2}$ até a sexta casa decimal, assim como 0,111111 é uma aproximação de 1/9 até a sexta casa decimal. No entanto, $1/9 \in \mathbb{Q}$, mas $\sqrt{2} \notin \mathbb{Q}$. De fato, se você fizer $1{,}414214^2$, obterá 2,000001, que é próximo – mas não igual – a 2. Nós temos agora duas tarefas.

A primeira é mostrar que $\sqrt{2} \notin \mathbb{Q}$. Já a segunda é encontrar maneiras de aproximar $\sqrt[x]{a}$, da mesma forma que encontramos aproximações para qualquer fração p/q no Capítulo 5, quando "reinventamos" o algoritmo da divisão.

6.2 $\sqrt{2}$ é um número irracional

A prova "clássica" de que $\sqrt{2}$ é irracional é conhecida desde a Antiguidade. O caminho da prova é chamado de **redução ao absurdo**: supõe-se algo e chega-se a uma conclusão que contradiz a hipótese inicial. Suponha que $\sqrt{2}$ é racional: então, deve haver dois números inteiros p e q tais que

$$\sqrt{2} = \frac{p}{q}$$

Suponha ainda que a fração anterior esteja em sua forma mais simples, ou seja, p e q não têm fatores primos comuns (caso haja fatores primos comuns, eles poderão ser cancelados); p e q, em particular, não podem ser ambos pares, pois, se fossem, eles teriam o fator primo 2 em comum. Agora, elevando a equação anterior ao quadrado:

$$p^2 = 2q^2,$$

isso nos mostra que p^2 é **par**; então, p também é **par**. Portanto, faça $p = 2k$ na equação anterior. Obtemos:

$$4k^2 = 2q^2 \Rightarrow 2k^2 = q^2,$$

e portanto q^2 é par e q também, o que contraria a hipótese de que p e q não são ambos pares. Portanto, $\sqrt{2}$ **não pode ser um número racional**.

> A prova está impressa, com pequenas variações, em quase todos os livros que tratam do assunto. Para saber mais, veja Dantzig (1970), Dieudonné (1987), Russel (1919), Simonsen (1994) e Spivak (1973).

> Seja $m = 2n + 1$ um número ímpar. Então $m^2 = 4n^2 + 4n + 1$ também é ímpar. Assim, o quadrado de todo número ímpar é ímpar. Se p^2 é par, p também deve ser (Russel, 1919, p. 67).

6.3 $\sqrt{2} - 1$ é um número irracional

Nesta seção, mostrarei uma prova "alternativa", que permitirá que você conheça outros fatos interessantes a respeito das desigualdades envolvendo quadrados de números. Para entendê-la, você precisará seguir um caminho mais longo e cansativo que qualquer outro percorrido até agora. Se você já estiver suficientemente convencido de que $\sqrt{2} \notin \mathbb{Q}$ e preferir não se alongar no assunto, simplesmente passe para a seção seguinte. Um primeiro fato de que necessitaremos é o seguinte: se $a, b \in \mathbb{Q}$ e $a, b > 0$:

$$a < b \Leftrightarrow a^2 < b^2$$

Uma afirmação envolvendo $\Leftrightarrow$ precisa ser provada "nos dois sentidos" (lembre-se de que o símbolo $\Leftrightarrow$ significa **se e somente se**). O sentido **esquerda-direita** ($\Rightarrow$) é:

$$a < b \;\Rightarrow\; a \cdot a < a \cdot b$$
$$a < b \;\Rightarrow\; a \cdot b < b \cdot b$$

Combinando as duas desigualdades do lado direito, obteremos:

$$a < b \;\Rightarrow\; a \cdot a < b \cdot b$$

Nesse caso, simplesmente multiplicamos a desigualdade por a (lembre-se de que podemos fazer isso e **manter o sentido** da desigualdade, já que $a > 0$) e, depois, por b (na segunda linha, novamente mantenho o sentido, já que b também é > 0). A terceira linha é o resultado da **transitividade** da desigualdade $<$: se $a^2 < ab$ e $ab < b^2$, então $a^2 < b^2$. Óbvio, não é mesmo? Nem tanto. Uma curiosidade em matemática envolve o fato de que situações "muito óbvias" precisam muitas vezes ser provadas, mas, frequentemente, não se percebe a necessidade de se fazer isso. Segue-se a prova da transitividade:

$$\begin{array}{r} x < y \text{ e } y < z \;\Rightarrow\; x - y < 0 \\ y - z < 0 \\ \hline x - z < 0 \;\Rightarrow\; x < z \end{array}$$

O sentido **direita-esquerda** é:

$$a < b \Leftarrow a(a+b) < b(b+a) \Leftarrow a^2 + ab < b^2 + ab \Leftarrow a^2 < b^2$$

Note que escrevi todas as desigualdades no sentido **direita-esquerda**, que é algo um tanto antinatural para nós, ocidentais, que costumamos escrever da esquerda para a direita. Vale reiterar que as setas indicam o **sentido**. Assim, a partir de $a^2 < b^2$, somei ab; em seguida, fatorei ambos os lados em $a(a+b)$ e $b(b+a)$ e, finalmente, como tanto a quanto b são positivos, dividi ambos os lados da desigualdade por $(a+b)$, obtendo o resultado desejado: $a < b$. Esse truque de somar ab é extraordinariamente simples, mas levei aproximadamente 30 minutos para reinventá-lo.

Levando em conta o fato

$$a < b \Leftrightarrow a^2 < b^2,$$

sabemos que, se uma desigualdade entre dois números positivos é verdadeira, ela vale entre seus quadrados, e vice-versa. Portanto:

$$1 < 2 \Rightarrow 1 < \sqrt{2}$$

$$\frac{9}{4} > 2 \Rightarrow \frac{3}{2} > \sqrt{2}$$

Conclui-se, então, que $\sqrt{2}$ é maior que 1 e menor que 3/2:

$$1 < \sqrt{2} < 3/2$$

Agora, considere:

$$y = \sqrt{2} - 1$$

Mostrarei que y é irracional, isto é, $y \notin \mathbb{Q}$. Mas por que $\sqrt{2}$ **menos** 1, você deve estar se perguntando? Porque $1 < \sqrt{2} < 3/2$. Portanto, trabalharemos apenas com a parte **fracionária** da raiz de 2, ou seja, com um número entre **0** e **0,5**. Creio que é razoável ponderar que, se $\sqrt{2}$ for racional, $\sqrt{2} - 1$ também será, e vice-versa.

Seja, portanto:

$$y = \sqrt{2} - 1$$

Suponhamos que $y \in \mathbb{Q}$. Então, existem dois números inteiros p, q tais que

$$\frac{p}{q} = \sqrt{2} - 1$$

$$\frac{p}{q} + 1 = \sqrt{2}$$

$$\frac{p+q}{q} = \sqrt{2}$$

Por simplicidade, irei supor também que p e q são ambos **positivos**. Se elevarmos ambos os lados da última linha ao quadrado e acompanharmos toda a álgebra, teremos:

$$\frac{p^2 + 2pq + q^2}{q^2} = 2$$

$$p^2 + 2pq + q^2 = 2q^2$$

$$p^2 + pq + pq - q^2 = 0$$

$$p(p+q) + q(p-q) = 0$$

$$\frac{p}{q} = \frac{q-p}{q+p}$$

Lembre-se:

$$y = \frac{p}{q} < \frac{1}{2} \Rightarrow 2p = p + p < q \Rightarrow q - p > p$$

Então, se p/q é racional e está em sua forma mais simples, um de seus **múltiplos** deve ser igual a $(q - p)/(q + p)$. Isso é o mesmo que dizer que existe algum número natural n tal que

$$\frac{\begin{array}{c}np = q - p\\ nq = q + p\end{array}}{n(p + q) = 2q}$$

> Se p/q está em sua forma mais simples e $p/q = r/s$, então $ps = qr$; todavia, s e r devem conter os fatores primos q e p, respectivamente: $s = mq$ e $r = np$, donde $mpq = npq$. Finalmente, isso só pode ser verdade se $m = n$.

Vamos tentar encontrá-lo:

se $n = 0 \Rightarrow \quad q = 0 \quad$ não,
se $n = 1 \Rightarrow \quad p = q \quad$ não,
se $n = 2 \Rightarrow \quad p = 0 \quad$ não,
se $n \geq 3 \Rightarrow \quad p = \dfrac{(2-n)q}{n} < 0 \quad$ não!

Isso significa que não existe nenhum n natural que satisfaça $n(p + q) = 2q$. Portanto, p/q, $\sqrt{2} - 1$ e $\sqrt{2}$ são irracionais.

Vale ressaltar que essa prova alternativa é, assim como a clássica, uma prova por "redução ao absurdo": a hipótese

$$y = \frac{p}{q} \text{ e } y = \sqrt{2} - 1 \text{ com } \left(\frac{p}{q} < \frac{1}{2}\right) \text{ e } p, q \in \mathbb{Z}$$

levou à conclusão de que existe um número natural n tal que

$$n(p + q) = 2q,$$

o que é um absurdo, pois não existe nenhum número n preenchendo as condições anteriores. Portanto, a hipótese deve estar errada, e $y \notin \mathbb{Q}$.

Figura 6.1 – Um cubo de aresta a unitária ($a = 1$): a diagonal da face mede $\sqrt{2}$, e a diagonal principal, $\sqrt{3}$. Ambos são números irracionais.

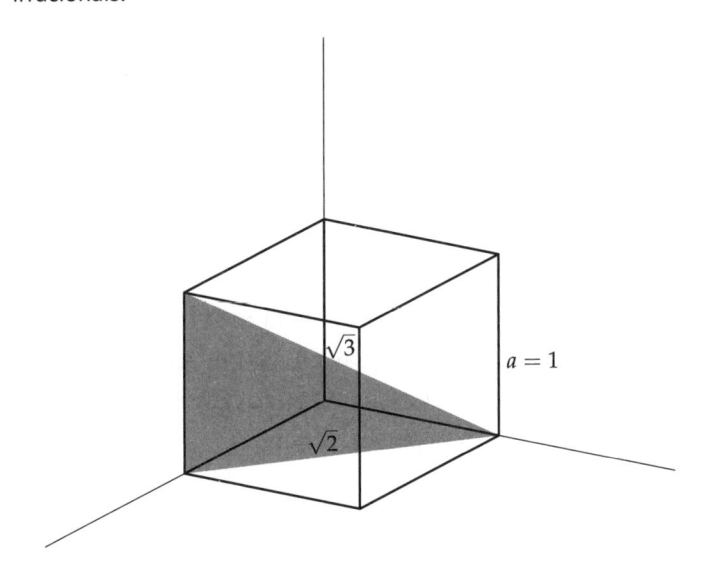

6.4 O cálculo de raízes quadradas

Estamos numa posição engraçada: sabemos que $\sqrt{2}$ não é um número racional e que $1 < \sqrt{2} < 1,5$, mas não conhecemos o seu **valor**. De certa forma, jamais conheceremos, pois nunca encontraremos uma fração exata que o represente. Mas então o que significa o valor 1,414214 que obtemos quando usamos uma calculadora? É o que descobriremos agora.

O "caminho" é parecido com o que seguimos ao descobrir o algoritmo de divisão, no Capítulo 5. Assim, nossa estratégia é **aproximar** $\sqrt{2}$ por um número **racional** x_n tal que

$$x_n^2 \approx 2,$$

em que o sinal ≈, que você já conhece, indica que existe uma pequena diferença entre x_n e o real valor x da raiz quadrada de 2:

$$|x_n - x| < \delta$$

Nesse caso, δ é a precisão especificada da aproximação de $x = \sqrt{2}$. Por exemplo: se $\delta = 0{,}001$, desejamos que a aproximação x_n seja **exata** até a terceira casa decimal. Uma calculadora nos revela:

$$\sqrt{2} = 1{,}414 \pm 0{,}001$$

A notação que estou usando foi feita para levá-lo a refletir sobre um **processo de limites**. De fato, as equações anteriores lembram as que usamos no Capítulo 5 para definir o limite de uma sequência. Nosso objetivo é encontrar uma sequência $\{x_0, x_1, x_2, \ldots, x_n\}$, cujo limite é $\sqrt{2}$.

Suponhamos que você já conheça uma aproximação x_n da raiz quadrada de 2 e queira melhorá-la. Para fazer isso, você precisará encontrar uma pequena quantidade δx_n que deverá ser adicionada a x_n de forma que a aproximação seguinte (x_{n+1}) esteja mais próxima de $\sqrt{2}$:

$$x_{n+1} = x_n + \delta x_n \approx \sqrt{2}$$

Elevando ao quadrado essa equação, obtemos o seguinte:

$$(x_n + \delta x_n)^2 \approx 2$$
$$x_n^2 + 2x_n \delta x_n + (\delta x_n)^2 \approx 2$$

Agora, suponhamos que $(\delta x_n)^2$ é muito **menor** que $2x_n \delta x_n$ e que este, por sua vez, é muito **menor** que x_n^2. Se essa suposição for verdadeira, poderemos "desprezar" o termo em $(\delta x_n)^2$; afinal, o símbolo ≈ nos permite uma certa liberdade. Em matemática, o símbolo para *muito menor* é ≪. Por exemplo: se $x_n = 1$ e $\delta x_n = 0{,}1$, então $(\delta x_n)^2 = 0{,}01$. Assim, 0,01 é muito menor que 0,1, que, por sua vez, é muito menor que 1:

$$0{,}01 \ll 0{,}1 \ll 1$$

Note que *muito menor* é um conceito relativo. Alguns dirão que não basta ser 10 vezes menor para ser considerado muito menor — talvez seja preciso ser 100, 1.000, ou 1 milhão de vezes menor! Isso não importa, pois podemos tornar δx_n tão pequeno quanto desejarmos. Se desprezarmos $(\delta x_n)^2$, o resultado será:

$$x_n^2 + 2x_n \delta x_n \approx 2,$$

o que nos permite explicitar δx_n:

$$\delta x_n \approx \frac{2 - x_n^2}{2x_n}$$

Suponha que você parta de uma aproximação razoável x_0 para a $\sqrt{2}$; então, você pode calcular uma primeira correção:

$$\delta x_0 = \frac{2 - x_0^2}{2x_0}$$

e usá-la para obter

$$x_1 = x_0 + \delta x_0$$

Repetindo o processo n vezes, obteremos o seguinte:

$$\delta x_n = \frac{2 - x_n^2}{2x_n}$$

$$x_{n+1} = x_n + \delta x_n$$

Agora, veremos que a aplicação repetida desse processo realmente nos leva a números cujo quadrado é cada vez mais próximo de 2. Começaremos com uma aproximação precária de

$\sqrt{2}$: $x_0 = 1$. Tudo o que importa é que a aproximação seguinte x_1 esteja **mais próxima** de $\sqrt{2}$. De fato, isso acontece: $x_1 = 3/2 = 1{,}5$. A tabela a seguir mostra o que acontece à medida que calculamos aproximações sucessivas:

n	x_n	x_n^2	$\delta x_n = \dfrac{2 - x_n^2}{2x_n}$
0	1,0000000000	1,0000000000	0,5000000000
1	1,5000000000	2,2500000000	−0,0833333333
2	1,4166666667	2,0069444444	−0,0024509804
3	1,4142156863	2,0000060073	−0,0000002139
4	1,4142135624	2,0000000000	0,0000000000

Essa tabela mostra os valores numéricos de x_0, x_n^2 e δx_n exatamente como apareceriam no visor de uma calculadora que exibisse números até a décima casa decimal. Note como, a cada linha, a "correção" δx_n que precisamos fazer em relação à estimativa antecedente fica menor, até se tornar indistinguível de zero no visor de nossa calculadora hipotética. A linha $n = 4$ não significa que a diferença δx_4 seja igual a zero, mas que ela é um número que começa na décima-primeira casa decimal; na verdade, $\delta x_4 = -0{,}00000000000015948618246\dots$.

O que você acabou de ver é um exemplo de um **método numérico**, ou seja, uma receita bem definida e sistemática para achar uma aproximação (com a precisão desejada) da raiz quadrada de 2. Em muitos métodos numéricos, a estimativa inicial x_0 precisa ser razoável para que se obtenha o resultado desejado. Entretanto, para que o método seja bom, o resultado não deve depender muito da estimativa inicial. Na verdade, o método **sempre** funcionará para qualquer estimativa $x_0 > 0$. Que tal verificar isso? A tabela a seguir mostra o que acontece quando começamos com $x_0 = 10$:

n	x_n	x_n^2	$\delta x_n = \dfrac{2 - x_n^2}{2x_n}$
0	10,0000000000	100,0000000000	−4,9000000000
1	5,1000000000	26,0100000000	−2,3539215686
2	2,7460784314	7,5409467512	−1,0088835570
3	1,7371948744	3,0178460316	−0,2929567795
4	1,4442380949	2,0858236747	−0,0297124397
5	1,4145256551	2,0008828291	−0,0003120583
6	1,4142135968	2,000000974	−0,0000000344
7	1,4142135624	2,0000000000	0,0000000000

Repare o seguinte: ao chegarmos ao limite de casas decimais de nossa calculadora hipotética, a aproximação que obtemos para $\sqrt{2}$ é rigorosamente a mesma!

Figura 6.2 – Processo de limite do cálculo de $\sqrt{2}$ a partir da estimativa inicial $x_0 = 10$: em cinza, estão os valores sucessivos de x_n e, em preto, os incrementos δx_n; no eixo horizontal, estão os valores de n até a convergência.

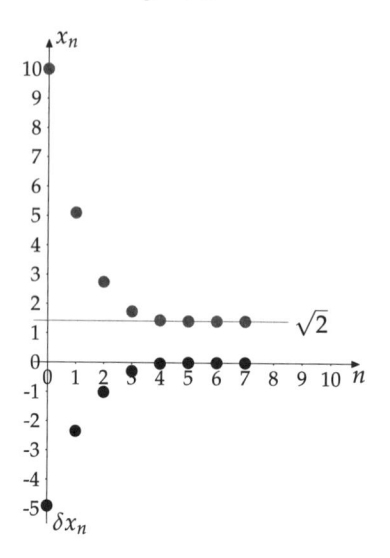

Por outro lado, se partirmos de −2, obteremos −1,4142135624, um **número negativo**. Isso reflete o seguinte fato: se $x \cdot x = a$, então $(-x) \cdot (-x) = a$, já que **menos** vezes **menos** dá **mais**. Costuma-se dizer que todo número positivo a tem duas raízes quadradas, sendo que, convencionalmente, o símbolo $\sqrt{a}$ indica a **raiz positiva**.

Será que existe algo semelhante para calcularmos a raiz q de um número positivo a? Sim, existe! Para isso, precisamos obter uma aproximação para $(x + \delta x)^3$. Lembre-se de que:

$$(x + \delta x)^2 \approx x^2 + 2x\delta x$$

Repare, agora, o que acontece se multiplicarmos essa aproximação por $(x + \delta x)$ mais uma vez:

$$(x + \delta x)^3 = (x + \delta x)^2(x + \delta x)$$
$$\approx (x^2 + 2x\delta x)(x + \delta x)$$
$$= x^3 + 2x^2\,\delta x + x^2\,\delta x + 2x\delta x^2$$
$$\approx x^3 + 3x^2\,\delta x$$

Lembre-se: nossa hipótese básica nessas aproximações é a de que δx é um número pequeno em comparação com x: $\delta x \ll x$. Se continuarmos a multiplicar as aproximações de $(x + \delta x)^n$ por $(x + \delta x)$, ficaremos convencidos de que existe uma fórmula para qualquer n:

$$(x + \delta x)^n \approx x^n + nx^{n-1}\delta x$$

Se você ainda não estiver convencido, considere o seguinte: supondo que a fórmula anterior valha para o número inteiro n; então,

$$(x + \delta x)^{n+1} = (x + \delta x)^n(x + \delta x)$$
$$\approx (x^n + nx^{n-1}\,\delta x)(x + \delta x)$$
$$= x^{n+1} + nx^n\,\delta x + x^n\,\delta x + nx^{n-1}\,\delta x^2$$
$$\approx x^{n+1} + (n+1)x^n\,\delta x$$

Se a fórmula vale para n, então ela vale também para $n + 1$. Ou seja: note que sua aplicação sucessiva recupera os casos $n = 1$, $n = 2$ e $n = 3$ que nós obtivemos anteriormente. Dito isso, consideremos o problema de calcular uma aproximação da raiz q do número a. Tudo o que devemos fazer é repetir as ideias que usamos para encontrar a raiz quadrada de 2 de forma mais generalizada. Suponha, então, que você conhece uma aproximação x_n da raiz q de a e deseja uma aproximação x_{n+1}:

Isso é um exemplo de uma prova por **indução finita**.

$$x_{n+1} = x_n + \delta x_n \approx \sqrt[q]{a}$$

Elevando essa equação a q:

$$(x_n + \delta x)^q \approx a$$

Agora, podemos usar nossa aproximação:

$$x_n^q + q x_n^{q-1} \delta x_n \approx a$$

Por sua vez, isso nos leva a uma fórmula para calcularmos aproximações sucessivas de $\sqrt[q]{a}$:

$$\delta x_n \approx \frac{a - x_n^q}{q x_n^{q-1}}$$

Vamos treinar? Considere calcular $x = \sqrt[5]{2}$. Se fizermos uma tabela de números inteiros elevados a 5, logo nos convenceremos de que x deve estar entre 1 e 2 e, certamente, muito mais perto de 1:

1	1
2	32
3	243

Começaremos, então, novamente com $x_0 = 1$. Vejamos o que acontece:

n	x_n	x_n^5	$\delta x_n = \dfrac{2 - x_n^5}{5 x_n^4}$
0	1,0000000000	1,0000000000	0,2000000000
1	1,2000000000	2,4883200000	−0,0470987654
2	1,1529012346	2,0368569123	−0,0041723480
3	1,1487288865	2,0002658065	−0,0000305299

n	x_n	x_n^5	$\delta x_n = \dfrac{2 - x_n^5}{5x_n^4}$
4	1,1486983566	2,0000000141	−0,0000000016
5	1,1486983550	2,0000000000	0,0000000000

Nessa tabela, chegamos a ir além do que calculadoras simples costumam fazer, já que elas não "sabem" calcular raízes quintas. Se você possui uma calculadora mais sofisticada, ou mesmo um computador, sabe que o cálculo da raiz quinta de 2 pode ser facilmente realizado. Agora, você já sabe como calcular qualquer raiz inteira!

6.5 Mais maravilhas

Já sabemos que

$$(x + \delta x)^n \approx x^n + nx^{n-1}\delta x$$

quando *n* é um número inteiro. Note que, dividindo essa expressão por x^n, obtemos:

$$\frac{(x + \delta x)^n}{x^n} = \left(\frac{x + \delta x}{x}\right)^n$$
$$= \left(1 + \frac{\delta x}{x}\right)^n$$
$$\approx 1 + n\frac{\delta x}{x}$$

Para que a aproximação anterior seja boa, é preciso que $\delta x \ll x$. Em matemática, as letras gregas ε e δ (*épsilon* e *delta*) são usadas para representar quantidades pequenas. Então:

$$\delta x \ll x \Rightarrow \varepsilon = \frac{\delta x}{x} \ll \frac{x}{x} = 1$$

em que é possível notar que "rebatizamos" $\delta x/x$ com o nome de ε. Escrita em termos de ε, nossa aproximação fica da seguinte forma:

$$(1 + \varepsilon)^n \approx 1 + n\varepsilon$$

Tentarei mostrar-lhe, agora, que essa relação também vale se houver números racionais no expoente. Quando o expoente for o número racional $1/q$ ($q \in \mathbb{N}$), em particular, teremos:

$$(1 + \varepsilon)^{1/q} \approx 1 + \frac{\varepsilon}{q}$$

É claro que você já deve estar percebendo a importância dessa relação para o cálculo aproximado de raízes q-ésimas: achar a raiz q de números muito próximos de 1 se resume a **dividir** a diferença entre esses números e 1 por q!

Esse truque, vale mencionar, é muito menos geral: enquanto o método de aproximações sucessivas funciona sempre, a aproximação que você acabou de ver só é válida para números (muito) próximos de 1. Por incrível que pareça, veremos que ela é a chave para calcularmos e entendermos **logaritmos**!

Antes de provarmos a relação de aproximação, note o seguinte:

$$(a^q)^{1/q} = a^{q \times 1/q} = a^1 = a$$

Isso é óbvio, não é mesmo? Se substituirmos a por $1 + \delta$, em que, por hipótese, δ é um número pequeno, obteremos:

$$[(1 + \delta)^q]^{1/q} = 1 + \delta$$

O termo dentro dos colchetes pode ser aproximado, quando q é um número inteiro:

$$(1 + \delta)^q \approx 1 + q\delta$$

Isso produz a aproximação

$$(1 + q\delta)^{1/q} \approx 1 + \delta$$

Agora, suponhamos que q é finito e que $q\delta$ também é muito menor que 1: $q\delta \ll 1$. Se mudarmos os nomes e fizermos

$$q\delta = \varepsilon \Rightarrow \delta = \frac{\varepsilon}{q},$$

então a relação de aproximação se tornará, finalmente,

$$(1 + \varepsilon)^{1/q} \approx 1 + \frac{\varepsilon}{q},$$

que é o resultado que eu queria lhe mostrar.

É sempre bom saber o que todos esses símbolos e aproximações querem dizer. Agora olharemos novamente para a raiz quadrada de 2, mas, desta vez, consideraremos uma sequência de números cada vez mais próximos de 1, tirando raízes quadradas sucessivas a partir de 2:

$$\sqrt{2}, \quad \sqrt{\sqrt{2}}, \quad \sqrt{\sqrt{\sqrt{2}}}, \quad \sqrt{\sqrt{\sqrt{\sqrt{2}}}}$$

A tabela a seguir mostra os valores sucessivos que obtemos para: x, $\varepsilon = x - 1$, o valor exato de $\sqrt{x}$, e o valor da aproximação $\sqrt{x} \approx 1 + \varepsilon/2$, sempre com seis casas decimais. Devemos repetir o processo até que a aproximação coincida com o valor exato até a sexta casa decimal.

x	$\varepsilon = x - 1$	$\sqrt{x}$	$1 + \varepsilon/2$
2,000000	1,000000	1,414214	1,500000
1,414214	0,414214	1,189207	1,207107
1,189207	0,189207	1,090508	1,094604
1,090508	0,090508	1,044274	1,045254
1,044274	0,044274	1,021897	1,022137
1,021897	0,021897	1,010889	1,010949
1,010889	0,010889	1,005430	1,005445
1,005430	0,005430	1,002711	1,002715
1,002711	0,002711	1,001355	1,001356
1,001355	0,001355	1,000677	1,000677

Quanto menor a diferença entre x e 1, melhor fica a aproximação para a raiz quadrada. É claro que resultados semelhantes poderiam ter sido obtidos para raízes q-ésimas quaisquer, mas esse exemplo é bastante convincente. Além disso, em breve poderemos usar a tabela anterior para calcularmos logaritmos, já que qualquer logaritmo que desejarmos calcular na base 2 e que tenha poucas modificações em qualquer base pode ser obtido com base na referida tabela.

6.6 Os números irracionais

Conforme vimos, a equação

$$x = 2^{1/2}$$

não tem uma solução x que seja um número racional. Vimos também que, apesar desse fato, sempre podemos encontrar aproximações racionais tão boas quanto desejarmos para a raiz quadrada de 2. Até agora, nosso melhor valor é:

$$1{,}4142135624 = \frac{14.142.135.624}{10.000.000.000},$$

mas esse é apenas um número racional.

Na verdade, ao buscarmos soluções para uma equação como a anterior, mais uma vez nos deparamos com a necessidade de ampliar nossos horizontes. Lembre-se de que não existe um número natural x tal que

$$x = 3 - 8$$

Por isso, descobrimos os números inteiros, quando então a solução da equação passa a ser $x = -5$. Da mesma forma, não existe uma solução inteira da equação

$$x = 3 \div 2,$$

o que nos obriga a descobrir o número racional 3/2.

Se quisermos ser um pouco mais sofisticados e inventar novos nomes, podemos dizer que o número racional x é simplesmente um **par ordenado** (p, q), em que p e q são números inteiros. Mas por que **ordenado**? Porque, em geral,

$$\frac{p}{q} \neq \frac{q}{p},$$

de modo que a ordem em que p e q aparecem no par é importante.

Uma fato irritante envolvendo os números racionais, como já vimos, é que existem **infinitas** representações para o mesmo número. No exemplo acima:

$$x = \frac{3}{2} = \frac{6}{4} = \ldots = \frac{-3}{-2} = \ldots$$

Esse é o preço que temos de pagar para termos números racionais, porque, muitas vezes, podemos encontrar fatores comuns entre dois inteiros. Algo parecido, porém um pouco mais complicado, acontece também com os números irracionais.

Figura 6.3 – Um dos números irracionais mais famosos é a **razão áurea** $\varphi = \frac{1+\sqrt{5}}{2}$, que aparece na arquitetura e, é claro, na matemática. Na figura, os lados *AE* e *EF* do retângulo *AEFD* estão na razão áurea: *AE/EF* = φ. Agora, efetue uma construção com régua e compasso: trace o quadrado *ABCD* de lado 1; obtenha o ponto médio *M* de *AB*; depois, trace o arco de raio *MC* com centro em *M* até a interseção *E* com a reta suporte de *AB*. Dessa forma, *AE* = φ.

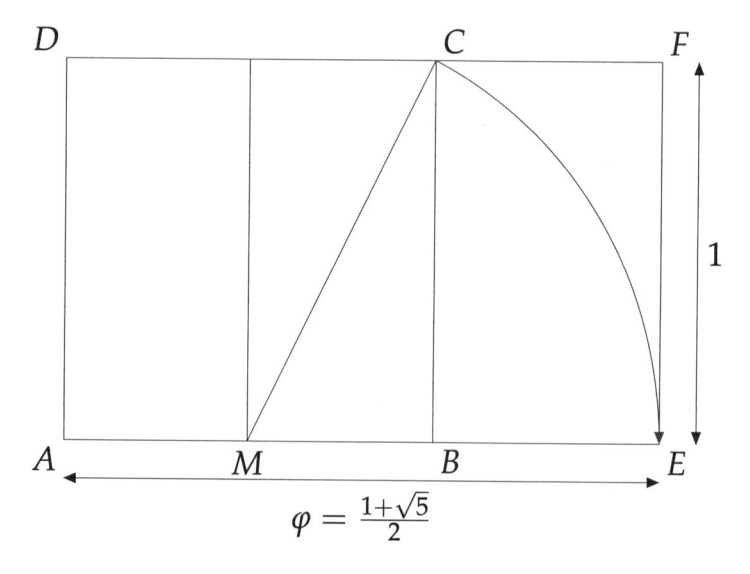

$$\varphi = \frac{1+\sqrt{5}}{2}$$

O problema com o número (se é que é mesmo um número) $\sqrt{2}$ é que não existe um esquema tão simples para representá-lo apenas por meio de números inteiros. E quanto aos números racionais? Será que podemos usar dois números racionais

(r e s, por exemplo) para representá-lo? Infelizmente, não. E se usarmos três números (r, s e t, por exemplo)? Também não. Irritado com isso, provavelmente você se lembrará de que alguns dos números racionais anteriores, embora perfeitamente representáveis por meio de frações simples – tais como 1/9 –, não podiam ser escritos como frações **decimais**. No caso de 1/9, a solução era tentar escrever esse número como o limite da sequência de frações decimais:

$$\left(\frac{1}{10}, \frac{11}{100}, \frac{111}{1000}, \ldots\right)$$

Será que pelo menos isso funcionaria? Sim! A ideia é tentar representar $\sqrt{2}$ como o limite de uma sequência de números racionais:

$$(r_1, r_2, r_3, \ldots)$$

A ideia é boa, mas há algumas razões que complicaram a vida de nossos antepassados matemáticos. No caso de 1/9, cada termo da sequência é um número racional, e o limite também. Já no caso da $\sqrt{2}$, cada termo da sequência (se for possível encontrá-la) é racional, mas não o limite. Em outras palavras, cada membro de uma sequência de números racionais usada para aproximar $\sqrt{2}$ é um número racional, mas, quando apenas o conjunto $\mathbb{Q}$ dos números racionais é considerado, não há um limite racional para a sequência em questão.

A solução é estranha, mas simples. Primeiramente, notamos que é sempre possível encontrar não apenas uma, mas várias sequências de números racionais cujos quadrados se aproximam tanto de 2 quanto desejarmos. Nas seções anteriores, você viu algumas maneiras práticas e rápidas de obter tais sequências, mas elas não são as únicas. Isso é um pouco parecido com o fato de que 3/2, 6/4, 12/8, ..., (−3)/(−2) etc. representam o mesmo número.

De fato, não há como duvidar de que

$(x_1, x_2, ..., x_n, ...) =$
$(1{,}0000000000,\ 1{,}5000000000,\ 1{,}4166666667,\ 1{,}4142156863,$
$1{,}4142135624, ...)$

e

$(y_1, y_2, ..., y_n, ...) =$
$(10{,}0000000000,\ 5{,}1000000000,\ 2{,}7460784314,$
$1{,}7371948744,\ 1{,}4442380949,\ 1{,}4145256551,$
$1{,}4142135968,\ 1{,}4142135624, ...)$

são sequências que chegam tão perto de $\sqrt{2}$ quanto desejarmos. Entretanto, elas são diferentes. Na verdade, existem **infinitas** sequências de números racionais que convergem para $\sqrt{2}$.

A solução é infinitamente simples e nos conduz a um novo conjunto, o dos **números reais** $\mathbb{R}$. Esse conjunto é suficientemente amplo para conter tanto os números racionais quanto os irracionais, sendo $\sqrt{2}$ apenas o primeiro exemplo.

Antes de tudo, devemos definir o que é um número real; depois, o que é o número real $\sqrt{2}$. Antes disso, vale ressaltar que é possível notarmos que uma característica importante das duas sequências anteriores, que aproximam $\sqrt{2}$, refere-se ao fato de que, a partir de certo ponto, quaisquer dois termos de cada uma delas podem estar tão próximos quanto desejarmos. De fato, para a primeira sequência,

$|x_3 - x_4| = 0{,}0000021239,$

enquanto, para a segunda,

$|y_6 - y_7| = 0{,}0000000344.$

Essa primeira propriedade nos diz que, de certa forma, cada uma dessas sequências está chegando perto de **algum valor**, embora esse valor seja algo diferente e inexprimível na forma de frações. Apesar disso, fica claro que ambas as sequências também estão chegando perto do **mesmo valor**, ou seja, a diferença entre as duas sequências também está diminuindo rapidamente. De fato, se chamarmos a primeira sequência de x_1, x_2, x_3, ... e a segunda sequência de y_1, y_2, y_3, ..., teremos novamente o seguinte:

$|x_3 - y_6| = 0{,}0000000344$

A primeira propriedade garante que, de alguma forma, cada sequência chega a **algum** lugar; por outro lado, a segunda propriedade nos diz que as duas sequências estão chegando ao **mesmo** lugar. Usarei essas duas propriedades para definir o que são os números reais, a seguir.

> Uma sequência de números racionais $(x_1, x_2, ...)$ representa algum número real se (e somente se)
> $$\lim_{m,n \to \infty} |x_m - x_n| = 0.$$

> Duas sequências de números racionais $(x_1, x_2, ...)$, $(y_1, y_2, ...)$ são equivalentes ou representam o mesmo número real quando:
> $$\lim_{m,n \to \infty} |x_m - y_n| = 0$$

O raciocínio usado aqui e a definição de número real que vem a seguir são adaptações livres da apresentação de Dantzig (1970) sobre os números reais.

Juntos, esses dois limites definem um número real:

> Um particular número real é o conjunto de todas as sequências que representam algum número real e que são equivalentes entre si.

Vejamos, a seguir, alguns exemplos. As sequências (para $n > 0$)

$$(x_n = 1) = (1,1,1, \ldots),$$
$$(x_n = 1 + 1/n) = (1 + 1, 1 + \frac{1}{2}, 1 + \frac{1}{3}, \ldots),$$
$$(x_n = 1 - 1/n^2) = (0, 1 - \frac{1}{4}, 1 - \frac{1}{9}, \ldots)$$

são representações do mesmo número real – que, no caso, é 1. As duas sequências que usamos anteriormente são representações do número real $\sqrt{2}$. Aqui está uma prévia do próximo capítulo: a sequência

$$(2,\ 2{,}25,\ 2{,}3125,\ \ldots,\ 2{,}32192802428,\ \ldots)$$

é uma representação de $\log_2 5$, o qual, como você deve lembrar, é um **número irracional**.

O número real 1 tem uma contrapartida racional, que é o bom e velho número 1 dos racionais:

$$1 = 1/1 = 2/2 = 3/3 = \ldots,$$

enquanto $\sqrt{2}$ e $\log_2 5$ não têm nenhuma contrapartida entre os racionais.

Quando é possível associar um número real a algum número racional previamente conhecido, costuma-se dizer (por abuso de linguagem) que este último é um número **real racional**; quando, no entanto, não é possível associar um número real a nenhum número racional previamente conhecido, costuma-se dizer que esse número é **real irracional**.

Assim, você já deve estar esperando o seguinte:

O conjunto dos números reais é a **união** dos números reais racionais com os números reais irracionais.

Depois de toda essa "ginástica cerebral" de definições, somos capazes de entender, afinal, o que é a raiz quadrada de dois:

A raiz quadrada de dois é o conjunto de todas as sequências de números racionais $(x_1, x_2, ...)$ equivalentes entre si e tais que $\lim_{n \to \infty} x_n^2 = 2$.

Seria ainda necessário mostrar que, se $x_n^2 \to 2$, então, de fato, essa sequência representa **algum** número real, mas preferimos parar por aqui.

Em matemática, conceitos que envolvem os termos *todos(as)* são algo complicado, pois, por exemplo, quando se cita o trecho "todos os grãos de areia que existem nas praias", temos a consciência de que são muitos os grãos de areia, mas não sabemos quantos eles são ao certo; contudo, deve haver um número **finito** deles, certo? No entanto, quando falamos em "todas as sequências **equivalentes** cujos quadrados tendem para 2", é uma outra história, pois sempre haverá outra maneira de tender para 2. O número de sequências equivalentes é imaginável, mas também é **infinito**.

6.7 As operações e propriedades dos números reais

Todas as operações e propriedades dos números racionais se estendem naturalmente aos números reais. Para mostrar isso, precisaríamos estudar as operações e as propriedades uma a uma. Veja alguns exemplos: os números reais x e y são conjuntos de sequências de números racionais equivalentes; então, quem é $z = x + y$? Observe que podemos escrever x e y, respectivamente, como:

$x = (x_1, x_2, ..., x_{n'}, ...)$ e
$y = (y_1, y_2, ..., y_{n'}, ...)$.

Embora existam infinitas sequências tanto para x quanto para y, estamos abusando um pouco do conceito de número real e usando duas sequências "representantes". Dessa maneira, fica praticamente óbvio o que precisamos fazer para definir a soma de dois números reais:

$(x + y) = (x_1, y_1, x_2 + y_2, ..., x_n + y_{n'}, ...)$

Essa sequência representa algum número real:

$$\lim_{m\,n\to 0} |(x_n + y_n) - (x_m + y_m)| = 0$$

Cada termo da sequência apresenta a propriedade comutativa, pois é a soma de dois números racionais. Assim, podemos usar esse fato para provarmos a propriedade comutativa para os números reais:

$x + y = y + x$

As outras duas operações (produto e exponenciação) envolvem definições semelhantes:

$x \times y = (x_1 \times y_1, x_2 \times y_2, \ldots, x_n \times y_n, \ldots)$ e

$x^y = (x_1^{y_1}, x_2^{y_2}, \ldots, x_n^{y_n}, \ldots)$

Nesta última definição é preciso que $x > 0$: nem todas as sequências que representam x têm todos os seus elementos estritamente positivos, mas sabemos que, a partir de algum n, todas elas estão suficientemente "próximas" de x, de modo que, com um pouco de esforço, podemos trabalhar com as partes estritamente positivas das sequências em questão.

Agora, podemos somar, multiplicar e exponenciar números **reais**: as propriedades que valiam para os números racionais se estendem naturalmente para os números reais, pois valem para cada elemento das sequências correspondentes. Neste momento, temos um conjunto no qual faz todo o sentido falarmos do número $2^{1/2}$.

Mais que isso: agora podemos lidar até mesmo com operações mais complexas, cujos expoentes são números **irracionais**. Por exemplo: $2^{\sqrt{2}}$ é um número perfeitamente legítimo: basta que trabalhemos com as sequências (x_n), que representam 2, e com as sequências (y_n), que representam $\sqrt{2}$. Esse número, então, será representado pelas sequências $2^{\sqrt{2}} = (x_n^{y_n})$.

É sempre bom relembrarmos nossa lista de operações e propriedades: se, agora, x, y e z são números reais:

Elemento neutro da soma	$x + 0 = x$
Comutatividade da soma	$x + y = y + x$
Associatividade da soma	$(x + y) + z = x + (y + z)$
Elemento simétrico	$x + (-x) = 0$
Definição da subtração	$x - y = x + (-y)$

Elemento neutro da multiplicação	$x \times 1 = x$
Comutatividade da multiplicação	$x \times y = y \times x$
Associatividade da multiplicação	$(x \times y) \times z, = x \times (y \times z)$
Elemento inverso	$x \times (1/x) = 1$
Definição da divisão	$x \div y = x \times (1/y)$
Propriedade distributiva	$x \times (y + z) = x \times y + x \times z$

Além disso, se a é um número real positivo e x e y são números reais quaisquer (racionais ou irracionais):

Expoente zero	$a^0 = 1$
Produto na mesma base	$a^x \times a^y = a^{x+y}$
Exponenciações sucessivas	$(a^x)^y = a^{x \times y}$

7
Logaritmos de números reais

7.1 O que são logaritmos?

Se $y = a^x$, dizemos que x é o logaritmo na base a de y. Em outras palavras, x é a potência à qual devemos elevar a para obtermos y. No Capítulo 6, você viu como se faz a exponenciação quando a base a é um número racional e o expoente x também:

$$y = a^{\frac{p}{q}} = \left(a^{\frac{1}{q}}\right)^p$$

No capítulo anterior, esmiuçamos a operação $a^{1/q}$. Uma vez calculado esse número, basta elevá-lo a p, ou seja, multiplicá-lo por ele mesmo p vezes.

Note que, diante de a e do expoente x, obtínhamos o valor de y. A outra possibilidade define a operação **inversa** da exponenciação: diante de y e da base a, desejamos encontrar x. Dessa maneira, dizemos que:

$$x = \log_a y,$$

sendo x o logaritmo de y na base a.

7.2 Transformando produtos em somas

Hoje, quando pressionamos alguns botões, vemos as respostas aparecerem instantaneamente no visor da calculadora.

Dessa maneira, não parece importante distinguirmos somas de produtos: ambos acontecem, literalmente, mais rapidamente que um piscar de olhos.

Sabemos, entretanto, que só podemos falar de multiplicação após conhecermos a soma, já que a multiplicação, discutida no Capítulo 1, é formada a partir de **somas sucessivas**. Além disso, existe uma ordem em relação aos elementos, que continua sendo seguida na escola: primeiramente, aprende-se a somar e, só depois disso, a multiplicar. Mesmo que, posteriormente, ambas as operações pareçam igualmente simples, basta um pouco de reflexão para concluirmos que a soma é a mais simples das duas e que nossas professoras tinham razão em nos ensinar a somar antes de subtrair, multiplicar e dividir.

Voltemos ao que nos interessa: somar é mais fácil que multiplicar; se pudermos somar em vez de multiplicar, ganharemos tempo (no caso de não utilizarmos uma calculadora, obviamente).

Por exemplo: pense no "trabalho" que dá calcular manualmente o seguite produto:

$$1,2599210499 \times 1,1486983550 = 1,4472692374$$

Essa operação terrivelmente trabalhosa fica muito mais simples quando sabemos que:

$$\log_2 1,2599210499 = \frac{1}{3} \text{ e}$$

$$\log_2 1,1486983550 = \frac{1}{5}$$

Nesse caso:

$$\log_2 1{,}2599210499 \times 1{,}1486983550 =$$
$$\log_2 1{,}2599210499 + \log_2 1{,}1486983550 =$$
$$= \frac{1}{3} + \frac{1}{5}$$
$$= \frac{8}{15}$$
$$= 0{,}5333333333$$

e o produto desejado é:

$$2^{\frac{1}{3}+\frac{1}{5}} = 2^{0{,}5333333333} = 1{,}4472692374$$

É claro que todos os sinais de "igual" são um pouco abusivos, pois estamos usando aproximações racionais. Mesmo assim, transcrevemos nossas contas dessa forma no dia a dia. O ponto realmente importante se refere à última conta, que **parece** ser muito mais complicada – porém, na verdade, poderia ser facilmente obtida com o uso de uma tabela de logaritmos na base 2, que nada mais é que uma tabela em que as potências de 2 já estão previamente calculadas. Nesse caso, a única conta realmente necessária foi $1/3 + 1/5$, que, convenhamos, é muito mais simples que $1{,}2599210499 \times 1{,}1486983550$.

As propriedades importantes dos logaritmos que permitem a transformação de produtos em soma e que, de maneira geral, nos permitem calcular logaritmos são as seguintes:

$$\log_a 1 = 0 \; \forall a > 0$$
$$\log_a (b \times c) = \log_a b + \log_a c$$
$$\log_a b^y = y \log_a b$$

Na verdade, é muito fácil entendê-las, já que elas são apenas outra forma de se escreverem as propriedades da exponenciação:

Expoente zero $a^0 = 1$
Produto na mesma base $a^x \times a^y = a^{x+y}$
Exponenciações sucessivas $(a^x)^y = a^{x \times y}$

Torna-se óbvia a primeira propriedade dos logaritmos: se todo número positivo a elevado a zero é igual a 1, então o logaritmo de 1, em qualquer base a positiva, é zero.

Para entender a segunda propriedade dos logaritmos, escrevemos:

$$b = a^x \Leftrightarrow x = \log_a b$$
$$c = a^y \Leftrightarrow y = \log_a c$$

Dessa forma, temos:

$$\begin{aligned} \log_a(b \times c) &= \log_a(a^x \times a^y) \\ &= \log_a a^{(x+y)} \\ &= x + y \\ &= \log_a b + \log_a c \end{aligned}$$

Finalmente, consideramos:

$$(a^x)^y = a^{x \times y},$$

como $b = a^x$,

$$b^y = a^{x \times y}$$

Podemos agora calcular os logaritmos de ambos os lados:

$$\begin{aligned} \log_a b^y &= \log_a a^{x \times y} \\ &= x \times y \\ &= y \times x \\ &= y \times \log_a b \end{aligned}$$

Por incrível que pareça, precisamos apenas dessas operações para calcular logaritmos. Nosso próximo passo será construir nossa própria tabela de logaritmos.

Figura 7.1 – Antes do advento das calculadoras eletrônicas portáteis, livros inteiros contendo tábuas de logaritmos eram necessários para auxiliar as pessoas a realizar cálculos numéricos. O livro mostrado a seguir pertenceu a Benício Moutinho da Cunha, meu bisavô. As imagens a seguir são: (a) 1ª página do livro, impresso em Paris, em 1883, e adquirido por Benício em 1888; (b) que o deu para sua filha, Olga, em 4 de abril de 1930; (c) a 14ª página, que contém instruções de como usar as tabelas; e (d) a 15ª página, 1ª página de tabelas.

(a)

Figura 7.1 – (b)

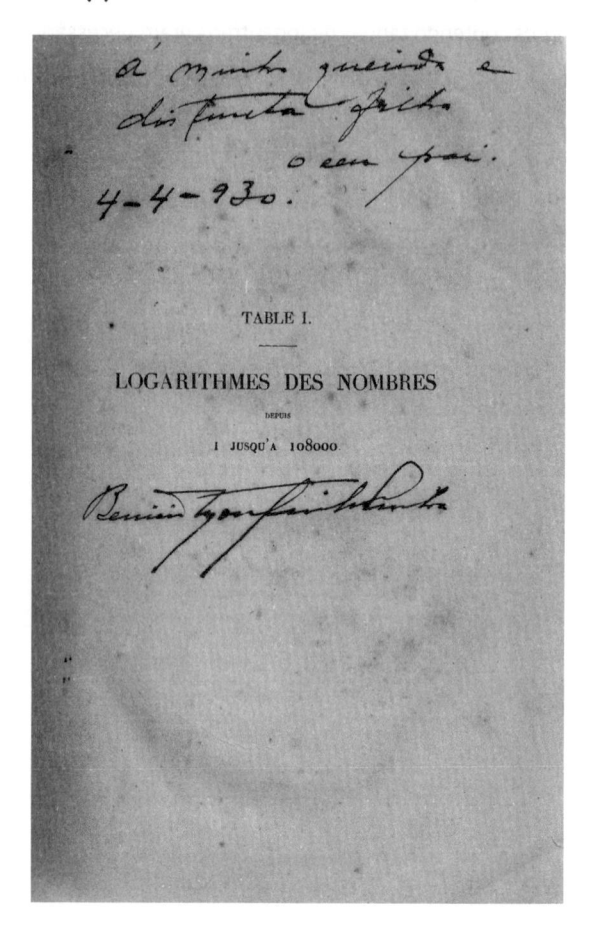

TABLE I.

LOGARITHMES DES NOMBRES

DEPUIS

1 JUSQU'A 108000

Figura 7.1 – (c)

14   LOGARITHMES DES NOMBRES DEPUIS 1 JUSQU'A 108000.

Explication de quelques dispositions usuelles des tables.

En considérant les nombres de la colonne N de chaque page comme exprimant des secondes sexagésimales, le nombre S de chaque page est le logarithme du rapport du sinus de l'angle qui a pour mesure le premier nombre de la colonne N à ce même nombre. Par exemple, dans la page dont le premier nombre est 2640, S. $4,6855630 = \log. \dfrac{\text{sinus } 2640''}{2640''}$.

On voit ensuite sur la première ligne $V = -0,91$; c'est la variation qu'éprouve S pour 10″ d'augmentation de l'arc; cette variation est négative, ce qui indique que pour chaque dizaine de secondes d'augmentation que reçoit 2640″, la dernière figure de S diminue de 0,91 ou d'une unité à peu près.

A droite de $V - 0,91$, on voit sur la première ligne T. 5986; $V + 1,81$. Les quatre premiers chiffres de T sont sous-entendus; ils sont partout les mêmes que les quatre premiers de S; savoir : 4,685. Ce nombre $4,6855986 = \log. \dfrac{\text{tangente } 2640''}{2640''}$

De même $V + 1,81$ est la variation qu'éprouve T pour chaque dizaine de secondes d'augmentation dans l'arc.

A l'aide des nombres S. V, T. V des premières lignes de chaque page et des logarithmes contenus dans les mêmes pages, on peut facilement trouver le logarithme du sinus ou de la tangente d'un angle quelconque; il suffit d'ajouter à S ou à T le logarithme du nombre de secondes et fractions de secondes de cet angle; la somme sera le logarithme du sinus ou de la tangente demandé.

Si l'on cherche log. sin. 0° 44′ 34″,7 ou log. sin. 2674″,7, on aura

$$\begin{aligned} \text{S}\ldots\ldots\ldots &= 4,6855630 \\ \text{Log. } 2674''{,}7 &= 3{,}4272751 \\ \text{Somme}\ldots\ldots &= 8{,}1128381 \end{aligned}$$

Il faut retirer trois unités du dernier chiffre à cause de la variation $-0,9$ pour 10″, qui donne à peu près -3 pour 34″; on aura donc log. sin. 0° 44′ 34″,7 = 8,1128378.

On déduira facilement le moyen de trouver un angle quand on en connaît le log. sinus ou le log. tangente.

PROPRIÉTÉS DES LOGARITHMES.

Formules usuelles.

Log. $a. b. c. d\ldots = \log. a + \log. b + \log. c + \log. d + \ldots$
Log. $a^m = m. \log. a$.
Log. $\dfrac{a}{b} = \log. a - \log. b$.
Log. $\sqrt[m]{a} = \dfrac{1}{m} \log. a$.

Le résultat que l'on obtient en retranchant de 10 le logarithme d'un nombre est le complément arithmétique du logarithme de ce nombre ou le cologarithme de ce nombre.

Ainsi log. $\dfrac{a}{b} = \log. a - \log. b = \log. a + \text{colog. } b - 10$.

Crédito: Fotolia

Figura 7.1 – (d)

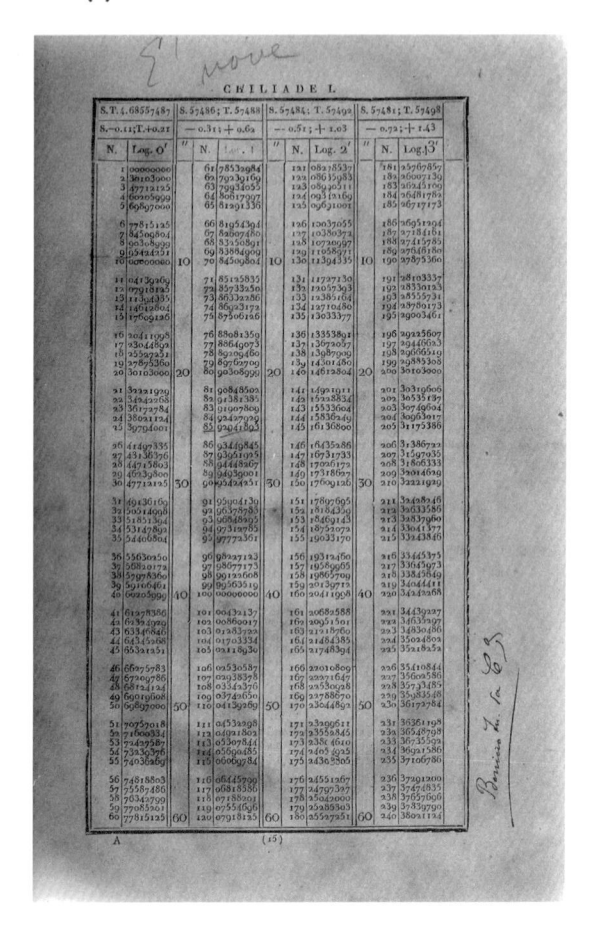

7.3 Uma pequena tábua de logaritmos

Já no começo deste livro nos deparamos com:

$$\log_2 5 = 2{,}3219280949,$$

mas não sabíamos como calculá-lo. A verdade é que já conhecemos os logaritmos na base 2 de vários números, embora você, talvez, não tenha se dado conta disso. De fato, na tabela da página 141, calculamos as raízes sucessivas

$$\sqrt{2},\ \sqrt{\sqrt{2}},\ \sqrt{\sqrt{\sqrt{2}}},\ \sqrt{\sqrt{\sqrt{\sqrt{2}}}}\ ...,$$

que nada mais são que:

$$2^1,\ 2^{1/2},\ 2^{1/4},\ 2^{1/8},\ ...$$

Note o que isso significa:

$$\log_2 \sqrt{2} = \tfrac{1}{2}$$
$$\log_2 \sqrt{\sqrt{2}} = \log_2 2^{\frac{1}{4}} = \tfrac{1}{4}$$
$$\log_2 \sqrt{\sqrt{\sqrt{2}}} = \log_2 2^{\frac{1}{8}} = \tfrac{1}{8}$$

Eis aqui a tabela novamente, agora com algumas potências de 2 adicionais e um formato ligeiramente diferente:

x	$y = 2^x$	$\dfrac{x}{y-1}$
3	8	0,4285142857
2	4	0,6666666667
1	2	1,0000000000
1/2	1,41421356237	1,20710678120
1/4	1,18920711500	1,32130337699

x	$y = 2^x$	$\dfrac{x}{y-1}$
1/8	1,09050773266	1,38003631474
1/16	1,04427378242	1,41167066792
1/32	1,02189714865	1,42712644918
1/64	1,01088928605	1,43489664320
1/128	1,00542990111	1,43879231716
1/256	1,00271127505	1,44074279738
1/512	1,00135471989	1,44171870098
1/1.024	1,00067713069	1,44220682126
1/2.048	1,00033850805	1,44245092547
1/4.096	1,00016923970	1,44257301921
1/8.192	1,00008461627	1,44263405253
1/16.384	1,00004230724	1,44266457112
1/32.768	1,00002115340	1,44267957515
1/65.536	1,00001057664	1,44268775930
1/131.072	1,00000528831	1,44269048737
1/262.144	1,00000264415	1,44269321545
1/524.288	1,00000132207	1,44269867164

Nessa tabela, o cálculo parece muito extenso, mas você ainda deve lembrar-se de que:

$$(1 + \varepsilon)^{1/q} \approx 1 + \frac{\varepsilon}{q}$$

Portanto, com base em um ε pequeno (1/1.024, por exemplo), tudo o que precisaríamos seria dividir a parte fracionária da raiz anterior por 2. Foi mais ou menos dessa forma, aliás, que os antigos fizeram quando começaram a construir suas tábuas de logaritmos.

Note como, à medida que x se aproxima de 0, $y = 2^x$ se aproxima de 1. Esse é um fato conhecido nosso: $\log_a 1 = 0$, $\forall a > 0$.

A terceira coluna nos revela uma curiosidade: tanto os valores de x quanto a parte fracionária de y estão se tornando cada vez menores: haverá alguma relação entre $x = \log_2 y$ e $y - 1$ para valores de y bem próximos de 1? De fato, há, como podemos ver calculando os valores da coluna

$$\frac{x}{y-1}$$

Eles sugerem que:

$$\log_2 y \approx 1{,}4427\,(y-1)$$

Mas em que consiste essa constante misteriosa?

Na tabela anterior, obtivemos vários logaritmos. Um exemplo disso é o logaritmo na base 2 de 1,001355, que é 1/512 – mas esse é um caso em que o logaritmo x é um número "simples" (1/512) e y um número "complicado" (1,001355). Um problema muito mais difícil é o cálculo do logaritmo de um número y "simples", tal como 5. Para calcular $\log_2 5$, primeiro devemos notar que:

$$5 = 4 \times \frac{5}{4}$$

Então, aplicando a propriedade do logaritmo do produto:

$$\log_2 5 = \log_2 4 + \log_2 \frac{5}{4}$$
$$= 2 + \log_2 1{,}250000$$

Podemos encontrar o $\log_2 4 = 2$ na tabela anterior, embora o resultado seja fácil de se imaginar. Agora, note que 1,250000 se situa entre 1,189207 e 1,414214 na tabela. Isso significa que:

$$\frac{1}{4} < \log_2 \frac{5}{4} < \frac{1}{2}$$

Dessa forma, usamos o limite inferior para uma nova aproximação:

$$1{,}250000 = 1{,}189207 \times 1{,}051121$$

E, novamente, utilizamos a propriedade do logaritmo do produto:

$$\log_2 1{,}250000 = \log_2 1{,}189207 + \log_2 1{,}051121$$

$$= \frac{1}{4} + \log_2 1{,}051121$$

Agora recorremos novamente à tabela, na qual encontramos:

$$\frac{1}{16} < \log_2 1{,}051121 < \frac{1}{8}$$

Desta vez:

$$1{,}051121 = 1{,}044274 \times 1{,}006557$$

Caso observe com atenção, você verá, novamente, um padrão emergir: o "truque" sempre consiste em exprimir o número z – cujo logaritmo desconhecemos – como um produto de dois outros:

$$z = y \times r$$

Um desses números (y) vem da tabela de potências de 2, sendo que o seu logaritmo é sempre conhecido, enquanto o "resíduo" r vai se aproximando cada vez mais de 1. A sistematização desse procedimento consta na tabela a seguir. A última coluna, cujo nome é $\Sigma\log_2 y$, contém as somas dos logaritmos conhecidos até aquele ponto. Por exemplo: $2{,}3125 = 2 + 1/4 + 1/16$. A letra grega *sigma* (Σ) significa **soma**.

Logaritmos de números reais

z	y	× r		$\log_2 y$	$\Sigma \log_2 y$
5,00000000000 =	4,00000000000	×	1,25000000000	2	2,00000000000
1,25000000000 =	1,18920711500	×	1,05112051907	1/4	2,25000000000
1,05112051907 =	1,04427378242	×	1,00655645748	1/16	2,31250000000
1,00655645748 =	1,00542990111	×	1,00112047232	1/128	2,32031250000
1,00112047232 =	1,00067713069	×	1,00044304163	1/1.024	2,32128906250
1,00044304163 =	1,00016923970	×	1,00027375560	1/4.096	2,32153320312
1,00027375560 =	1,00016923970	×	1,00010449821	1/4.096	2,32177734374
1,00010449821 =	1,00008461627	×	1,00001988026	1/8.192	2,32189941405
1,00001988026 =	1,00001057664	×	1,00000930352	1/65.536	2,32191467284
1,00000930352 =	1,00000528831	×	1,00000401519	1/131.072	2,32192230223
1,00000401519 =	1,00000264415	×	1,00000137104	1/262.144	2,32192611693
1,00000137104 =	1,00000132207	×	1,00000004897	1/524.288	2,32192802428

Ainda nos resta um último truque na manga, que é usar a "constante misteriosa" para aproximarmos o logaritmo do último resíduo:

$$\log_2 1{,}00000004897 \approx 1{,}4427 \times 0{,}00000004897 = 0{,}00000007065$$

Feynman (1963) discute logaritmos e um pouco da história de como a primeira tábua extensa de logaritmos foi calculada.

Finalmente, se somarmos esse valor ao último número da coluna $\Sigma\log_2 y$, obteremos nossa melhor estimativa:

$$\log_2 5 \approx 2{,}32192802428 + 0{,}00000007065 = 2{,}32192809493$$

Para que você possa ter uma ideia de quão bom é esse método, compare o resultado com o de uma calculadora com 11 casas decimais:

$$\log_2 5 = 2{,}32192809488$$

Como você pode ver, a diferença é **0,00000000005**, o que significa que temos o número correto até a décima casa decimal!

Tão importante quanto entender como se calculam logaritmos é notar que o cálculo de $\log_a y$ depende do cálculo sucessivo das seguintes raízes quadradas:

$$\sqrt{a}, \; \sqrt{\sqrt{a}}, \; \sqrt{\sqrt{\sqrt{a}}}, \; \sqrt{\sqrt{\sqrt{\sqrt{a}}}}, \ldots$$

Somente agora podemos entender a exigência de que a base a seja positiva: é impossível calcular a raiz quadrada de um número negativo quando se trabalha com os números reais, pois o produto de um número real por si mesmo é sempre **positivo**. Além disso, como a exponenciação é a operação inversa do logaritmo, é preciso também exigir que a seja positivo na expressão a^x.

Esse estado de coisas não é totalmente satisfatório, porque a exponenciação com bases negativas funciona quando o expoente é inteiro:

$$(-2)^3 = -8 \in \mathbb{R}$$

Mas não com expoentes fracionários:

$$(-2)^{3/2} = (\sqrt{-2})^3 \notin \mathbb{R}$$

Só poderemos resolver essa situação nos Capítulos 9 e 10, ou seja, no final do livro. Por enquanto, precisamos de uma regra para os números reais:

A expressão a^x só faz sentido para todo $x \in \mathbb{R}$ para $a > 0$.

Neste capítulo, você deverá contentar-se com as **bases positivas**, pois ainda precisamos aprender a mudar de base, além de descobrirmos o que está "por trás" da constante misteriosa. Para isso, precisaremos de **funções**.

7.4 Funções

Até aqui, pudemos passar sem o conceito de *função*. Contudo, logo adiante, precisaremos dele para provar que nossa constante misteriosa não é tão misteriosa assim e que vale a seguinte aproximação:

$$\log_a (1 + x) \approx kx$$

Sugerimos que você dê uma olhada na tabela da página 161: a primeira coluna tem a variável x, a segunda coluna tem o resultado da fórmula 2^x, e a terceira, o resultado da fórmula $x/(2^x - 1)$ (lembre-se de que $y = 2^x$). A primeira característica de uma função é esta: para **cada** valor de x, associa-se um valor $y = f(x)$. Dizemos que y é função de x. No entanto, para que f seja uma função, é preciso que os valores de x não se repitam com valores diferentes de y. Eis a primeira definição (provisória!) de **função**:

> Uma função f é uma tabela de pares (x, y) na qual a cada valor de x só pode corresponder um único y. Nesse caso, dizemos que y é função de x:
> $y = f(x)$.

É preciso esclarecer bem essa "história" de um único y para cada x. A tabela

x	y
1	1
2	1
3	1

representa uma função, pois cada um dos x possui um único valor de y correspondente, embora ele seja sempre o mesmo.

Esse é um exemplo simples de função **constante**. Já a relação ou tabela que veremos a seguir não é uma função, pois 1 corresponde simultaneamente a 1 e a 11.

x	y
1	1
1	11
2	3

A ideia por trás disso é muito simples: na vida real, muitas coisas são determinadas por outras. As causas são chamadas de *variáveis independentes* (x). Já as consequências são chamadas de *variáveis dependentes* (y).

Por exemplo: a posição de um automóvel numa estrada é uma função do tempo porque, a cada segundo, o automóvel ocupa uma posição diferente. O rendimento de uma conta de poupança, por outro lado, é uma função da taxa de juros. Por fim, os ganhos de um médico em seu consultório são uma função do número de clientes que ele atender durante o mês (considerando-se que ele cobre o mesmo valor de todos os pacientes).

Como você deve ter notado, nem sempre é possível exprimir uma função na forma de tabela. Isso porque não seria possível elaborar uma tabela com todos os instantes e posições de um automóvel numa estrada, já que tempo e espaço são **contínuos**.

Além disso, considere as duas tabelas a seguir:

x	y
1	1
2	4
3	9

x	y
1	1
2	4
3	9
4	16

Basta olharmos com cuidado para ver que, em ambas as tabelas, a relação em jogo é $y = x^2$, mas existem mais elementos na segunda tabela. Isso significa que não basta especificarmos a **relação** entre x e y: precisamos determinar também os conjuntos a que x e y pertencem. Isso nos leva a uma definição melhor, mas também mais complicada de se entender:

> Uma função f é especificada pelos conjuntos D e C, e pelos pares ordenados (x, y) onde $x \in D$, $y \in C$, e onde a cada x corresponde um único y. O conjunto D é o domínio da função; o conjunto C é o contradomínio. O subconjunto de C formado pelos y's que são função de algum x é denominado *imagem da função*.

Uma forma compacta de escrever isso é:

$f: D \to C$
$\quad x \mapsto y = f(x)$

Agora, tentaremos entender os conceitos de *imagem* e *contradomínio*, que são termos bastante técnicos. No último exemplo:

$f: \{1, 2, 3, 4\} \to \{1, 2, 3, ..., 16\}$
$\quad 1 \quad\quad \mapsto 1$
$\quad 2 \quad\quad \mapsto 4$
$\quad 3 \quad\quad \mapsto 9$
$\quad 4 \quad\quad \mapsto 16$

Nesse caso, o domínio é o conjunto $\{1, 2, 3, 4\}$, o contradomínio é $\{1, 2, 3, 4, 5, 6, 7, 8, 9, 10, 11, 12, 13, 14, 15, 16\}$, e a imagem é o subconjunto $\{1, 4, 9, 16\}$. Na verdade, **qualquer** conjunto que contivesse a imagem serviria de contradomínio, mas, a rigor, cada um deles definiria uma **função diferente**.

Figura 7.2 – As placas de "permitido função" e "proibido função": em uma função, um mesmo *x* não pode levar a dois *y*'s diferentes, mas *x*'s diferentes podem levar a um mesmo *y*.

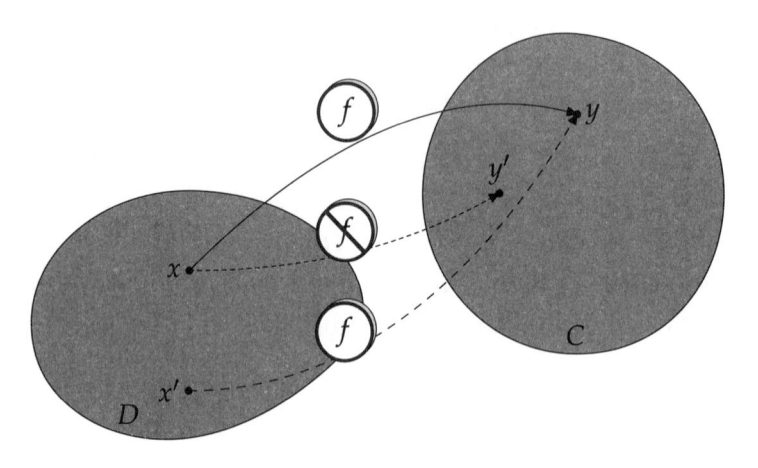

Existem várias formas de especificar funções, sendo as tabelas apenas uma delas; as mais comuns talvez sejam as fórmulas. Por exemplo:

$$f: \mathbb{R} \to \mathbb{R}$$
$$x \mapsto y = x^2,$$

$$f: \mathbb{R} \to \mathbb{R}$$
$$x \mapsto y = \sqrt{x},$$

$$f: x \in \mathbb{R} \mid x > 0 \to \mathbb{R}$$
$$x \mapsto y = \log_2 x,$$

são três funções distintas perfeitamente definidas por suas fórmulas. Nas duas primeiras, o domínio é todo o conjunto dos números reais $\mathbb{R}$, assim como o contradomínio, mas a imagem é formada apenas por zero e pelos números positivos. Já a função $\log_2 x$ tem, por domínio, apenas os números positivos, uma vez que, neste momento, não faz sentido falar do logaritmo de um número negativo.

Essas, porém, ainda não são todas as formas de especificar funções. Por exemplo: o domínio de uma função pode englobar todos os alunos da turma A-1, do pré-escolar, do colégio fictício Arquimedeanos & Pitagóricos; o contradomínio pode envolver todos os homens que são pais de alunos da escola, e a relação pode ser "é pai de"; então, como os alunos têm apenas um pai biológico, "é pai de aluno da turma A-1" é uma função perfeitamente definida: sua imagem são os homens pais de alunos da turma A-1.

Mas isso, certamente, é muito mais do que você esperava, não é mesmo? Voltemos portanto aos logaritmos.

7.5 Solucionando o mistério da constante *k*

Para confirmar que

$$\log_a (1 + x) \approx kx,$$

vamos supor, inicialmente, algo um pouco mais genérico. Sabemos que:

$$\log_a 1 = 0,$$

de modo que tentaremos calcular o aumento que a **função** logaritmo sofre quando acrescentamos a 1 uma pequena quantidade. Como a função logaritmo é bem definida, podemos usá-la para definir o acréscimo como uma nova função $f(x)$:

$$f(x) = \log_a(1 + x)$$

Tanto Feynman (1963) quanto Mermin (1990, p. 281-293) utilizam essa aproximação. Da mesma forma que acontece aqui, Mermin se depara com a necessidade de justificá-la sem recorrer ao Cálculo.

A questão agora é: quem é $f(x)$? Observando algumas linhas nos trechos anteriores, você verá que $f(x)$ deve ser aproximadamente igual a kx para pequenos valores de x. É justamente isso que estou tentando mostrar. Comecemos notando que:

$$(1+x)^n \approx 1 + nx$$

para qualquer número real n, quando $x \ll 1$. Então,

$$\log_a(1+x)^n = n\log_a(1+x) = nf(x),$$

ao mesmo tempo que:

$$\log_a(1+x)^n \approx \log_a(1+nx) = f(nx)$$

Juntando os dois resultados, temos:

$$x \ll 1 \Rightarrow nf(x) \approx f(nx)$$

A questão, agora, é encontrarmos a **forma** da função $f(x)$ que atende a essa relação. Isso não é muito difícil! Dividindo a aproximação anterior por nx, temos:

$$\frac{f(nx)}{nx} \approx \frac{nf(x)}{nx} = \frac{f(x)}{x}$$

Isso significa que a expressão

$$\frac{f(x)}{x}$$

deve ser praticamente **constante** para todos os valores de x bem menores que 1:

$$x \ll 1 \Rightarrow \frac{f(x)}{x} \approx k \Rightarrow f(x) \approx kx$$

Isso é o que queríamos mostrar. De acordo com a linguagem de limites:

$$\lim_{x \to 0} \frac{f(x)}{x} = k$$

Note que a constante k não é especificada, pois o raciocínio que nos levou à conclusão anterior vale para qualquer base a.

Para entendermos a relação entre a constante k e a base a, é necessário observar o seguinte: se pegarmos um número bem próximo de 1 e o elevarmos a um expoente suficientemente grande, obteremos a base a.

Por exemplo (veja a tabela da página 161):

$$(1{,}001355)^{12} \approx 2$$

Usando álgebra:

$$(1+x)^n \approx a \Rightarrow$$
$$n \log_a(1+x) \approx 1 \Rightarrow$$
$$nkx \approx 1 \Rightarrow$$
$$x \approx \frac{1}{kn}$$

em que usamos $\log_a(1+x) \approx kx$ ao passarmos da segunda para a terceira linha. A aproximação da base é, portanto, escrita como:

$$\left(1 + \frac{1}{kn}\right)^n \approx a$$

Na linguagem de limites, temos:

$$\lim_{n \to \infty} \left(1 + \frac{1}{kn}\right)^n = a$$

Essa é a nossa relação entre k e a. Ela é também a nossa "porta de entrada" para uma nova base, mais simples e natural que as outras: a base em que $k = 1$. Podemos obtê-la simplesmente fazendo $k = 1$ no limite acima. O símbolo que todos usam para essa base é a letra e:

$$e = \lim_{n \to \infty} \left(1 + \frac{1}{n}\right)^n$$

> A prova da irracionalidade de e é relativamente simples. Veja Spivak (1973, Capítulo 19, Teorema 5).

Esse é um número irracional. Provar isso seria ir longe demais, mas creio que podemos fazer mais uma tabela. Afinal, para todos os valores inteiros de n a partir de 1, o limite anterior forma uma série, e isso é o que precisamos (para especificarmos um número real, só precisamos de uma das séries que o representam):

n	$\left(1+\frac{1}{n}\right)^n$
1	2,000000
2	2,250000
3	2,370370
4	2,441406
5	2,488320
10	2,593742
100	2,704814
1.000	2,716924
10.000	2,718146
100.000	2,718268
1.000.000	2,718280

O melhor valor que uma calculadora consegue com 11 casas decimais é o seguinte:

$e = 2{,}71828182846$

Pode parecer que um número tão quebrado e irracional seja inútil, mas isso não é verdade. Como acabamos de ver, e aparece de uma forma bem natural, quando escolhemos $k = 1$. Em matemática, costuma-se dizer que e é a **base** dos logaritmos naturais. Isso não causa grandes mudanças, pois continuaremos a escrever expressões como:

$x = \log_e y,$

de forma a ficar clara a identificação da base que estaremos usando. Aqueles que estudam aspectos matemáticos mais complexos que os abordados neste livro, em geral, preferem a base e, simplesmente porque é mais fácil lembrar-se da constante $k = 1$ e também porque não é necessário lembrar se ela está no numerador ou no denominador de muitas expressões. Para você, o mais importante é verificar como a escolha de $k = 1$ torna o limite mais simples, e saber de onde vem o número e.

7.6 Mudanças de base

Você já sabe que existe uma base em que $k = 1$ (a base e dos logaritmos naturais) e que a relação entre k e a é dada por:

$$\lim_{n \to \infty} \left(1 + \frac{1}{kn}\right)^n = a$$

Mas essa é uma relação complicada, envolvendo limites. Assim, será que haveria uma forma mais simples e prática de obtê-la? A resposta é "sim"! Para obtê-la, basta fazer o seguinte:

$$\left(1 + \frac{1}{kn}\right)^n = \left[\left(1 + \frac{1}{kn}\right)\right]^n$$

Veja como o termo do lado direito, entre parênteses, pode ser interpretado:

$$1 + \frac{1}{kn} \approx \left(1 + \frac{1}{n}\right)^{1/k}$$

Caso você tenha esquecido, isso nada mais é que a aproximação obtida no Capítulo 6:

$$(1 + \varepsilon)^{1/q} \approx 1 + \frac{\varepsilon}{q},$$

em que $\varepsilon = 1/n$ e $q = k$.

Voltando à nossa "história", agora temos:

$$\left[\left(1+\frac{1}{kn}\right)\right]^n \approx \left[\left(1+\frac{1}{n}\right)^{\frac{1}{k}}\right]^n = \left[\left(1+\frac{1}{n}\right)^n\right]^{\frac{1}{k}}$$

Qual é o limite desta última expressão quando $n \to \infty$? Se o expoente $1/k$ permanece constante e o termo entre colchetes tende para e,

$$a = \lim_{n\to\infty}\left(1+\frac{1}{kn}\right)^n = \lim_{n\to\infty}\left[\left(1+\frac{1}{n}\right)^n\right]^{\frac{1}{k}} = e^{1/k}$$

Calculando logaritmos, temos:

$$a = e^{1/k}$$
$$\log_e a = \frac{1}{k}$$
$$k = \frac{1}{\log_e a}$$

Finalmente, sabemos tudo sobre k, que não é mais uma "constante misteriosa".

No começo deste capítulo, nossa tabela de potências de 2 nos fez suspeitar do valor de k para a base 2, que, como você deve lembrar, era 1,4427. Agora, entretanto, temos o valor exato:

$$k = \frac{1}{\log_e 2} = 1{,}44269504089$$

Antes de finalizarmos o capítulo, resta o seguinte problema: para cada base a, precisamos construir toda a tabela de logaritmos. Seria melhor se obtivéssemos todas as tabelas rapidamente a partir de uma só. Como fazer para **trocar de base**? Suponha que você conheça

$$x = \log_a y \Leftrightarrow a^x = y$$

e que, agora, deseje calcular o logaritmo de y em uma outra base b:

$$z = \log_b y$$

Como proceder? Eis o "truque":

$$b^z = y = a^x = \left(b^{\log_b a}\right)^x = b^{x \log_b a}$$

Comparando os expoentes, encontramos a fórmula de mudança de base:

$$\log_b y = \log_a y \times \log_b a$$

Você deve estar pensando o seguinte: "Isso não resolve nada, pois não tenho a tabela na base b e preciso de $\log_b a$". Sua preocupação é pertinente. Entretanto, esta última operação é fácil de calcular. Ao substituirmos y por b, a expressão que obtivemos torna-se:

$$\log_b b = 1 = \log_a b \times \log_b a \Rightarrow \log_b a = \frac{1}{\log_a b}$$

de modo que a fórmula que costumamos aprender na escola é:

$$\log_b y = \frac{\log_a y}{\log_a b}$$

Mas você não precisa decorar a fórmula. É preferível que você decore o "truque" que nos permitiu deduzi-la, ou, melhor ainda, simplesmente o aprecie.

8

Interlúdio binomial e exponencial

Antes de chegarmos aos dois últimos capítulos deste livro, farei um pequeno desvio para que você seja apresentado a duas fórmulas importantes: a **fórmula (ou teorema) do binômio** e a da série da **função exponencial**. A álgebra que utilizaremos será mais complicada, e o raciocínio um pouco mais difícil. Por outro lado, o resultado serão duas belas e importantes fórmulas da matemática.

8.1 O teorema do binômio

No Capítulo 5 vimos, entre outros conceitos, a seguinte fórmula:

$(a+b)^2 = a^2 + 2ab + b^2$

Com um pouco de trabalho algébrico, podemos continuar multiplicando o resultado por $(a+b)$ para obter, sucessivamente:

$(a+b)^0 = 1$
$(a+b)^1 = a+b$
$(a+b)^2 = (a+b)(a+b) =$
$\quad = a^2 + 2ab + b^2$
$(a+b)^3 = (a^2 + 2ab + b^2)(a+b) =$
$\quad = a^3 + 3a^2b + 3ab^2 + b^3$
$(a+b)^4 = (a^3 + 3a^2b + 3ab^2 + b^3)(a+b) =$

$$= a^4 + 4a^3b + 6a^2b^2 + 4ab^3 + b^4$$
$$(a+b)^5 = (a^4 + 4a^3b + 6a^2b^2 + 4ab^3 + b^4)(a+b) =$$
$$= a^5 + 5a^4b + 10a^3b^2 + 10a^2b^3 + 5b^4 + b^5$$

Você deve estar pensando: "Existe uma fórmula geral para $(a+b)^n$?".

Existe, sim! Comecemos observando que cada um dos binômios anteriores resulta numa soma de $n+1$ termos do tipo $C(n,k)a^{n-k}b^k$, em que k é um número inteiro entre 0 e n, e $C(n,k)$ é o **coeficiente binomial**, que é simplesmente outro número inteiro que multiplica as potências de a e b.

Por exemplo: na última linha, temos a coleção dos $C(5,k)$:

$C(5, 0) = 1$

$C(5, 1) = 5$

$C(5, 2) = 10$

$C(5, 3) = 10$

$C(5, 4) = 5$

$C(5, 5) = 1$

Note que as extremidades do binômio sempre têm coeficientes iguais a 1. Além disso, existe uma simetria evidente nos coeficientes, que pode ser expressa da seguinte forma:

$C(n, k) = C(n, n-k)$

Assim, sempre podemos escrever que:

$(a+b)^n = C(n,0)a^n + C(n,1)a^{n-1}b + \ldots + C(n, n-1)ab^{n-1} + C(n,n)b^n$

O nosso problema, agora, é encontrar uma **fórmula geral** para o coeficiente binomial $C(n,k)$. Nossa estratégia, será encontrar uma relação recursiva entre os C's de n e $n+1$. Para fazer isso, basta multiplicarmos a fórmula anterior por $(a+b)$:

$$(a+b)^{n+1} =$$
$$(a+b)^n(a+b) =$$
$$(C(n,0)a^n + C(n,1)a^{n-1}b + \ldots + C(n,n-1)ab^{n-1} +$$
$$C(n,n)b^n)(a+b) =$$
$$C(n,0)a^{n+1} + C(n,1)a^nb + \ldots + C(n,n-1)a^2b^{n-1} + C(n,n)ab^n$$
$$+ C(n,0)a^nb + \ldots + C(n,n-2)a^2b^{n-1} + C(n,n-1)ab^n$$
$$+ C(n,n)b^{n+1}$$

Note que os termos envolvendo as mesmas potências $a^{n-k}b^k$ estão alinhados verticalmente. Compare visualmente esse resultado com

$$(a+b)^{n+1} =$$
$$(a+b)^n(a+b) =$$
$$= C(n+1,0)a^{n+1} + C(n+1,1)a^nb + \ldots + C(n+1,n)ab^n$$
$$+ C(n+1,n+1)b^{n+1}$$

Fica evidente, então, que:

$$C(n+1,k) = C(n,k) + C(n,k-1), \quad 1 \leq k \leq n$$

A regra acima não vale para as extremidades $C(n+1, 0)$ e $C(n+1, n+1)$, mas basta voltarmos aos nossos exemplos com $n = 0, 1, 2, 3, 4$ e 5 e notar, mais uma vez, que os C's das extremidades são sempre iguais a 1:

$$C(n+1,0) = C(n+1, n+1) = 1$$

Vale a pena também reescrever a relação de simetria:

$$C(n, k) = C(n, n-k)$$

A nossa maneira de escrever os coeficientes binomiais $C(n, k)$ sugere que eles são, na verdade, uma **função** dos números inteiros n e k. O trabalho que teremos agora, portanto, será encontrar a função que atenda às três regras que acabamos de obter. Essa não é uma tarefa fácil, pois envolve um tipo de "luz" diferente sobre como proceder para encontrarmos essa função. Essa nova forma de proceder não consiste simplesmente em verificar a consequência de fatos conhecidos, mas em tentar algo novo, em pesquisar, e descobrir fatos novos.

Note que, em virtude da relação de simetria entre $C(n, k)$ e $C(n, n - k)$, eles devem apresentar fatores comuns envolvendo tanto k quanto $n - k$. Mas eles também dependem, é claro, de n sozinho. Reunindo esses fatos, uma das formas mais simples que podemos imaginar para $C(n,k)$ é:

$$C(n, k) = f(n)g(k)g(n - k),$$

onde f e g são duas funções desconhecidas, que ainda devemos determinar. É claro que poderíamos tentar somas de funções em vez de produtos, ou até mesmo outras formas, mas o fato é que nem todos os caminhos imagináveis são "frutíferos". Antes que você perca o "fio da meada", voltemos ao nosso raciocínio: se aplicarmos a fórmula anterior para $n - k$ no lugar de k, obteremos:

$$C(n, n - k) = f(n)g(n - k)g(k) = C(n, k)$$

Isso prova que a forma que escolhemos garante a simetria dos coeficientes binomiais. Agora, podemos substituir o produto fgg na relação de recursão. Veja o que acontece:

$C(n+1) = C(n, k) + C(n, k-1)$
$f(n+1)g(k)g(n+1-k) = f(n)g(k)g(n-k) +$
$\qquad\qquad f(n)g(k-1)g(n+1-k)$

Dividindo todos os termos por $f(n)g(k)g(n-k+1)$, obtemos:

$$\underbrace{\frac{f(n+1)}{f(n)}}_{F(n)} = \underbrace{\frac{g(n-k)}{g(n-k+1)}}_{G(n+1-k)} + \underbrace{\frac{g(k-1)}{g(k)}}_{G(k)}$$

Temos, agora, duas funções distintas F e G: a função F só depende de n, pois o 1 em $f(n+1)$ é uma constante; a função G só depende de $n+1-k$ na segunda fração e de k na terceira. Precisamos tomar cuidado com esses índices, já que estamos lidando com a mesma função G nas duas últimas frações. A relação de recursão se tornou, então:

$F(n) = G(n+1-k) + G(k)$

Isso pode parecer complicado, mas, na verdade, é quase o "fim da linha". Com um pouco de persistência, será fácil você se convencer de que a maneira mais simples de atender à equação acima é fazer o seguinte: $F(n) = n+1$, $G(n+1-k) = n+1-k$ e $G(k) = k$ (note como as duas últimas fórmulas definem a mesma função). Com essas definições, obtém-se a equação

$n+1 = n+1-k+k$,

que é sempre verdadeira.

Isso significa que:

$\dfrac{f(n+1)}{f(n)} = n+1$

$\dfrac{g(n-k)}{g(n-k+1)} = n+1-k$

$$\frac{g(k-1)}{g(k)} = k$$

Comecemos atacando a primeira equação:
$$\frac{f(n+1)}{f(n)} = n+1 \Rightarrow f(n+1) = (n+1)f(n)$$

Isso basta para definirmos *f(n)* recursivamente, desde que conheçamos algum valor inicial – que, para nós, será *f* (0). Na verdade, partindo de 0, descobrimos que:

$f(1) = 1 \times f(0)$
$f(2) = 2 \times f(1) = 2 \times 1 \times f(0)$
$f(3) = 3 \times f(2) = 3 \times 2 \times 1 \times f(0)$
$f(4) = 4 \times f(3) = 4 \times 3 \times 2 \times 1 \times f(0)$

Quanto a *g*, ela está intimamente relacionada com *f*. De fato, se usarmos $n + 1$ em vez de *k* na relação de recursão para *g*, teremos:

$f(n + 1) = (n + 1) f(n),$
$g(n) = (n + 1) g(n + 1)$

Além disso, eliminando o fator $(n + 1)$ das equações anteriores, encontraremos:

$f(n + 1) \, g(n + 1) = f(n)g(n) = $ constante.

Finalmente, lembre-se de que $C(n, 0) = C(n, n) = 1$. Então:

$f(n)g(0)g(n) = 1$

Interlúdio binomial e exponencial 185

A maneira mais simples de atendermos às duas equações anteriores é fazer nossa constante ser igual a 1; então, $g(0) = 1$ e $f(0) = 1$. A função f passa, portanto, a ser:

$$f(n) = n! = \begin{cases} n \times (n-1) \times \ldots \times 2 \times 1 & n \geq 1 \\ 1 & n = 0 \end{cases}$$

Essa função tem um nome: *função fatorial*. Ela também tem um símbolo, que já indicamos acima: $n!$, que significa o fatorial de n.

Agora tudo ficou muito simples: g é o **inverso** de f:

$$g(n) = \frac{1}{f(n)} = \frac{1}{n!}$$

Além disso, o coeficiente binomial $C(n, k)$ ficou totalmente determinado:

$$C(n,k) = \frac{n!}{(n-k)!\,k!}$$

Esta é uma boa hora para conferirmos a fórmula com os $C(5, k)$ que já conhecemos:

$$C(5,0) = \frac{5 \times 4 \times 3 \times 2 \times 1}{(5 \times 4 \times 3 \times 2 \times 1) \times 1} = 1$$

$$C(5,1) = \frac{5 \times 4 \times 3 \times 2 \times 1}{(4 \times 3 \times 2 \times 1) \times 1} = 5$$

$$C(5,2) = \frac{5 \times 4 \times 3 \times 2 \times 1}{(3 \times 2 \times 1) \times (2 \times 1)} = 10$$

$$C(5,3) = \frac{5 \times 4 \times 3 \times 2 \times 1}{(2 \times 1) \times (3 \times 2 \times 1)} = 10$$

$$C(5,4) = \frac{5 \times 4 \times 3 \times 2 \times 1}{1 \times (4 \times 3 \times 2 \times 1)} = 5$$

$$C(5,5) = \frac{5 \times 4 \times 3 \times 2 \times 1}{1 \times (5 \times 4 \times 3 \times 2 \times 1)} = 1$$

Figura 8.1 – A colmeia/triângulo de Pascal nada mais é do que a aplicação sucessiva da relação de recursão $C(n + 1, k) = C(n, k) + C(n, k - 1)$. Exceto nas extremidades, as quais são sempre iguais a 1, os coeficientes binomiais em uma linha (a partir da terceira) são calculados facilmente pela soma de dois coeficientes da linha anterior, indicados pelas setas.

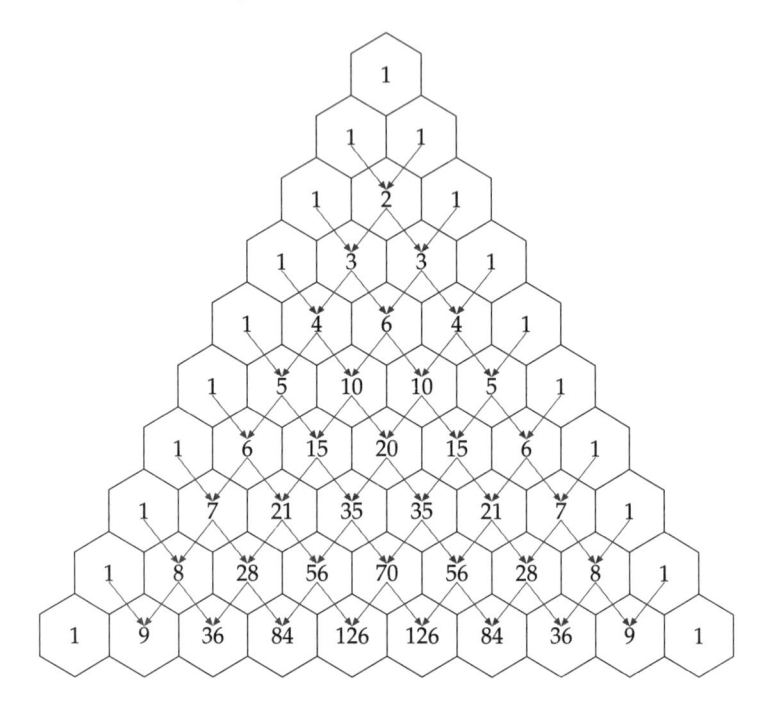

```
                                    1
                                 1     1
                              1     2     1
                           1     3     3     1
                        1     4     6     4     1
                     1     5    10    10     5     1
                  1     6    15    20    15     6     1
               1     7    21    35    35    21     7     1
            1     8    28    56    70    56    28     8     1
         1     9    36    84   126   126    84    36     9     1
```

8.2 A série da função exponencial

No capítulo anterior, quando tentávamos descobrir uma fórmula simples para k, vimos que:

$$\lim_{n \to \infty} \left(1 + \frac{1}{kn}\right)^n = e^{1/k}$$

Essa expressão vale para **qualquer** k. Em particular, se $x = 1/k$:

$$\lim_{n\to\infty} \left(1 + \frac{x}{n}\right)^n = e^x$$

Você deve se lembrar de que precisamos de $n = 1.000.000$, conforme vimos no capítulo anterior, para conseguir "acertar" o valor de e até a quinta casa decimal. Isso significa calcular um milhão de produtos: trata-se de uma tarefa impensável para seres humanos, embora computadores e calculadoras possam realizá-la rapidamente. Mas será que há uma maneira mais rápida de calcularmos e e e^x? Ei-la aqui: suponha que n seja grande, mas não infinito. Dessa maneira, a fórmula anterior passa a ser:

$$e^x \approx (1 + \frac{x}{n})^n$$
$$= C(n,0) + C(n,1)\left(\frac{x}{n}\right) + \ldots + C(n, n-1)\left(\frac{x}{n}\right)^{n-1}$$
$$+ C(n,n)\left(\frac{x}{n}\right)^n$$

Cada um dos termos da expansão do binômio é do tipo:

$$C(n,k)\left(\frac{x}{n}\right)^k$$

Assim, o nosso truque consistirá em calcular o limite de cada termo, quando $n \to \infty$:

$$\lim_{n\to\infty} C(n,k)\left(\frac{x}{n}\right)^k =$$

$$\lim_{n\to\infty} \frac{n(n-1)\ldots 1}{[(n-k)(n-k-1)\ldots 1][k(k-1)\ldots 1]} \frac{x^k}{n^k} =$$

$$\lim_{n\to\infty} \frac{[n(n-1)\ldots(n-k+1)][(n-k)(n-k-1)\ldots 1]}{[(n-k)(n-k-1)\ldots 1][k(k-1)\ldots 1]} \frac{x^k}{n^k} =$$

$$\lim_{n\to\infty} \frac{[n(n-1)\ldots(n-k+1)]}{[k(k-1)\ldots 1]} \frac{[(n-k)(n-k-1)\ldots 1]}{[(n-k)(n-k-1)\ldots 1]} \frac{x^k}{\underbrace{nn\ldots n}_{k\,\text{vezes}}} =$$

$$\lim_{n\to\infty} \underbrace{\frac{n}{n}\frac{n-1}{n}\cdots\frac{n-k+1}{n}}_{\to 1} \frac{x^k}{k(k-1)\cdots 1} = \frac{x^k}{k!}$$

Não é fácil entender esse resultado sem um bom treinamento envolvendo limites, e você não é obrigado a ter um bom treinamento sobre esse assunto. Mas a ideia básica é a seguinte: para cada $C(n, k)$, fixamos k e fazemos com que n tenda para infinito. Até a quarta linha da operação anterior está tudo bem, pois ainda não "passamos ao limite". Simplesmente rearranjamos os termos com um pouco de álgebra. Temos agora, sobre a chave horizontal, k termos: n/n, $(n-1)/n$, ..., $(n-k+1)/n$. Eis o grande segredo: o limite de cada um deles quando $n \to \infty$ é 1. Para ver isso, suponha que $k = 100$ (k é qualquer número fixo e finito); n, por sua vez, tende para infinito, ou seja, assume valores tão grandes quanto desejarmos. Se $n = 1.000.000$, o valor do último termo do produto será:

$$\frac{1000000 - 100 + 1}{1000000} = 0{,}999901$$

Entretanto, podemos fazer n valer um bilhão, um trilhão, um quatrilhão e assim por diante. Para qualquer k fixo (não importa quão grande ele seja), sempre poderemos fazer n ser muito maior. Assim, o termo sobre a chave horizontal será tão próximo de 1 quanto desejarmos. Resta, então, apenas o fatorial de k no denominador:

$$\lim_{n\to\infty} C(n,k) \left(\frac{x}{n}\right)^k = \frac{x^k}{k!}$$

Dessa maneira, nossa fórmula para a função exponencial é:

$$e^x = 1 + x + \frac{x^2}{2!} + \frac{x^3}{3!} + \frac{x^4}{4!} + \ldots$$

Essa soma também representa um limite, o das somas de:

$$\frac{x^k}{k!}$$

quando $n \to \infty$, mas trata-se de um limite totalmente diferente daquele que usamos para definir e^x inicialmente. Qual é a vantagem dessa soma? A vantagem é que ela **converge muito mais rapidamente**! A tabela a seguir mostra isso para $x = 1$:

n	$\sum_{k=1}^{n} \dfrac{x^k}{k!}$
0	1,00000000000
1	2,00000000000
2	2,50000000000
3	2,66666666667
4	2,70833333333
5	2,71666666667
6	2,71805555556
7	2,71825396825
8	2,71827876984
9	2,71828152557
10	2,71828180115

Agora, "acertamos" até a sexta casa decimal com um número bem menor de operações de multiplicação. Na pior das hipóteses, precisaríamos de $10 + 9 + 8 + 7 + 6 + 5 + 4 + 3 + 2 + 1 = 55$ produtos – bem menos que o valor de **1 milhão** do Capítulo 7. Além disso, podemos escrever algoritmos ainda mais eficientes, que se utilizem do resultado anterior e, assim, reduzam ainda mais o número de produtos realmente necessários. No caso anterior, cerca de 10 produtos bastariam, ou seja, o mesmo número que n.

Contudo, o que realmente importa é que conseguimos uma fórmula muito mais rápida e eficiente para calcular e^x, quando x é um número real. De posse dessa fórmula, que é a **série da função e^x**, poderemos calcular potências de qualquer número real usando apenas somas e produtos! Para isso, precisamos do **teorema do binômio** – sem dúvida, um dos resultados mais difíceis deste livro – e de muita imaginação para tratarmos de nossos limites. Não se preocupe: comece de maneira modesta, observando as fórmulas e usando-as quando for necessário. De qualquer modo, os resultados deste capítulo são muito importantes, pois são a única maneira de generalizarmos de forma consistente a exponenciação quando bases e expoentes forem números complexos.

Figura 8.2 – Os gráficos dos cinco primeiros termos da série de e^x: 1, $1 + x$, $1 + x + x^2/2!$, $1 + x + x^2/2! + x^3/3$ e $1 + x + x^2/2! + x^3/3! + x^4/4!$, em tons sucessivamente mais escuros de cinza. Observe como eles se aproximam cada vez mais do gráfico de e^x, em preto.

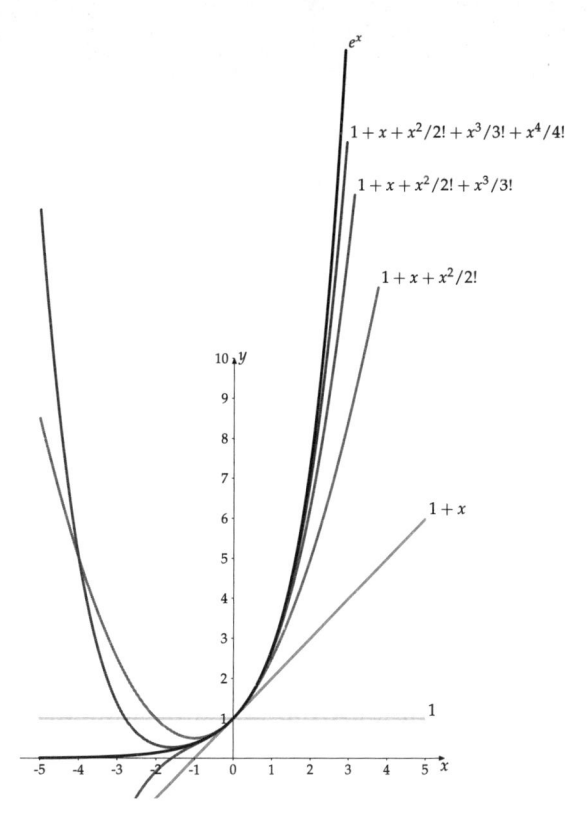

9

Expandindo os horizontes da exponenciação: os números complexos

9.1 Bases positivas e negativas

No capítulo anterior, vimos que não fazia sentido tratar de bases negativas, ou – o que dá no mesmo – falar de logaritmos de números negativos. Isso porque, para construirmos a tabela de logaritmos de uma base a, precisamos de raízes quadradas sucessivas, começando por $\sqrt{a}$. Quando olhamos o problema do ponto de vista da exponenciação, encontramos uma situação estranha: $(-2)^3 = -8$ é um número real perfeitamente legítimo, mas $(-2)^{3/2}$ não. No Capítulo 7, ainda havia conceitos sobre logaritmos para aprender. Agora, finalmente, estamos prontos para entender o que são números complexos. Começaremos com uma "velha conhecida", a equação do 2º grau.

9.2 A equação do 2º grau

A equação

$$x^2 = 2$$

tem como solução:

$$x = \sqrt{2}$$

Em virtude da **regra dos sinais** na multiplicação, o elemento simétrico desse número também é uma solução:

$$(-\sqrt{2}) \times (-\sqrt{2}) = +\sqrt{2} \times \sqrt{2} = 2$$

Portanto:

$$x^2 = 2 \Rightarrow x = \pm\sqrt{2}$$

Sempre usarei o símbolo $\sqrt{x}$ para indicar a raiz quadrada positiva.

Já a equação

$$x^2 = -1$$

não tem solução no conjunto $\mathbb{R}$ dos números reais, pois o produto de dois números reais iguais (e, portanto, com o mesmo sinal) é sempre positivo.

Por hora, deixarei esse problema de lado e considerarei um problema que tem solução às vezes, mas cuja álgebra é mais complicada. Trata-se, como você deve estar imaginando, do problema de achar as raízes da equação do 2º grau:

$$ax^2 + bx + c = 0$$

A melhor maneira de "atacarmos" o problema é analisando-o de "trás para frente": podemos construir uma equação a partir das raízes. Veja: se x_1 e x_2 são dois números reais:

$$(x - x_1) \times (x - x_2) =$$

$$x^2 - x_1 x - x_2 x + x_1 x_2 =$$

$$x^2 - (x_1 + x_2)x + x_1 x_2$$

Multiplicando por a, temos:

$$ax^2 - a(x_1 + x_2)x + ax_1x_2 = 0$$

Agora, podemos usar essa forma para obter os coeficientes da equação do 2º grau em função das raízes x_1 e x_2:

$a = a$
$b = -a(x_1 + x_2)$
$c = ax_1x_2$

A equação mais interessante é a da segunda linha, pois nos revela quanto vale a **soma das raízes**:

$$x_1 + x_2 = -\frac{b}{a}$$

Seu quadrado também é digno de nota:

$$b^2 = a^2(x_1^2 + 2x_1x_2 + x_2^2)$$

É necessário um pouco de imaginação para descobrirmos o que devemos fazer a seguir. Note que:

$$a^2(x_1 - x_2)^2 = a^2(x_1^2 - 2x_1x_2 + x_2^2)$$

Então, para passarmos do quadrado perfeito da soma para o quadrado perfeito da diferença, precisamos subtrair $4a^2x_1x_2 = 4ac$ de b^2:

$$b^2 - 4ac = a^2(x_1 - x_2)^2$$
$$\sqrt{b^2 - 4ac} = \pm a(x_1 - x_2)$$

Isso realmente resolve o problema, já que, agora, temos duas equações de 1º grau para resolver:

$$x_1 - x_2 = \frac{\sqrt{b^2 - 4ac}}{a}$$
$$x_1 + x_2 = -\frac{b}{a}$$

Não precisamos nos preocupar com a raiz negativa: se a usássemos, simplesmente trocaríamos as soluções para x_1 e x_2. O que temos é, portanto, uma sistema de duas equações com duas incógnitas e, ao contrário da equação original, esse é um sistema linear, que só envolve potências de 1 de x_1 e x_2. Observe que, somando as duas equações anteriores, eliminamos x_2; da mesma forma, se subtrairmos a primeira da segunda, eliminamos x_1. Procedendo dessa forma, encontramos:

$$(x_1 - x_2) + (x_1 + x_2) = \frac{\sqrt{b^2 - 4ac}}{a} - \frac{b}{a}$$

$$2x_1 = \frac{-b + \sqrt{b^2 - 4ac}}{a}$$

$$x_1 = \frac{-b + \sqrt{b^2 - 4ac}}{2a}$$

$$(x_1 + x_2) - (x_1 - x_2) = -\frac{b}{a} - \frac{\sqrt{b^2 - 4ac}}{a}$$

$$2x_2 = \frac{-b - \sqrt{b^2 - 4ac}}{a}$$

$$x_2 = \frac{-b - \sqrt{b^2 - 4ac}}{2a}$$

Isso nos conduz à fórmula "clássica" para as raízes da equação do 2º grau:

$$x = \frac{-b \pm \sqrt{b^2 - 4ac}}{2a}$$

Tão importante quanto a própria fórmula é o passo intermediário, que é muito esclarecedor:

$$a^2(x_1 - x_2)^2 = b^2 - 4ac$$

A quantidade $b^2 - 4ac$ é denominada *discriminante* da equação do 2º grau: sempre que houver duas raízes distintas $x_1 \neq x_2$, então:

$$a^2(x_1 - x_2)^2 > 0 \Leftrightarrow b^2 - 4ac > 0$$

Se as duas raízes forem iguais, $x_1 = x_2$:

$$a^2(x_1 - x_2)^2 = 0 \Leftrightarrow b^2 - 4ac = 0$$

Mas e quando $b^2 - 4ac < 0$? Nesse caso, não existem raízes reais para a equação, pois, se x_1 e x_2 forem reais, $(x_1 - x_2)^2$ será sempre **positivo** ou **nulo**. Eis um exemplo:

se $x^2 - 2x + 5 = 0$
então $b^2 - 4ac = 4 - 20 = -16 < 0$

Portanto, a equação não tem raízes reais, sendo impossível resolvê-la dentro do conjunto $\mathbb{R}$. Isso significa que não podemos aplicar a fórmula das raízes, mas e **se** pudéssemos aplicá-la, o que aconteceria? Desejaríamos, naturalmente, que ela fosse a mesma fórmula que vale para os números reais. Se formos teimosos e insistirmos, eis o que obteremos:

$$\begin{aligned} x &= \frac{2 \pm \sqrt{-16}}{2} \\ &= 1 \pm \frac{\sqrt{-16}}{2} \end{aligned}$$

Como eu disse, o problema é mesmo impossível de ser resolvido, já que não existe $\sqrt{-16}$; mesmo assim, $\sqrt{16} = 4$, de forma que ainda é possível uma última simplificação:

$$x = 1 \pm \frac{\sqrt{16 \times -1}}{2}$$

$$= 1 \pm \frac{\sqrt{16} \times \sqrt{-1}}{2}$$

$$= 1 \pm 2\sqrt{-1}$$

Esse é mesmo o fim da linha, mas é também o começo de um novo "mundo". Não existe o número real $\sqrt{-1}$, mas nada nos impede de descobrirmos um novo tipo de objeto da forma

$$x + y\sqrt{-1},$$

desde que este seja útil e que possamos trabalhar com ele.

Se tentarmos, por exemplo, reconstituir a nossa equação do 2º grau como se $1 \pm 2\sqrt{-1}$ fossem raízes válidas, eis o que acontecerá:

$$[x - (1 + 2\sqrt{-1})][x - (1 - 2\sqrt{-1})] = 0$$

$$x^2 - (1 + 2\sqrt{-1})x - (1 - 2\sqrt{-1})x +$$

$$(1 + 2\sqrt{-1})(1 - 2\sqrt{-1}) = 0$$

$$x^2 - 2x + \underbrace{(2\sqrt{-1} - 2\sqrt{-1})}_{=0}x + (1^2 - (2\sqrt{-1})^2) = 0$$

$$x^2 - 2x + 5 = 0$$

Para reconstituir a equação, manipulamos as expressões usando todas as regras algébricas que conhecíamos, aceitando o fato de que $\sqrt{-1}$ em si seja um número – um novo tipo de número, é claro – irredutível, mas sujeito a todas as regras conhecidas. Assim:

$$2\sqrt{-1} - 2\sqrt{-1} = 2(\sqrt{-1} - \sqrt{-1}) = 2 \times 0 = 0$$

enquanto

$$(1 + 2\sqrt{-1})(1 - \sqrt{-1})$$

Pode ser resolvido da seguinte forma:

$$(a+b)(a-b) = a^2 - b^2$$

Portanto:

$$1^2 - (2\sqrt{-1})^2 = 1^2 - 4 \times (-1) = 5$$

9.3. Os números complexos

Números do tipo

$$x + y\sqrt{-1}$$

são chamados de *números complexos* ou *imaginários* (a ideia de que um número possa ser "imaginário" é um pouco boba, pois a realidade dos números complexos é a mesma realidade dos naturais, inteiros, racionais e reais). Já que escrever $\sqrt{-1}$ todas as vezes que usaremos números complexos é um pouco cansativo, utilizamos o símbolo i para indicar o número complexo $\sqrt{-1}$: Assim:

$$i = \sqrt{-1}$$

Eis a nossa definição do conjunto dos números complexos:

> O conjunto $\mathbb{C}$ dos números complexos é o conjunto dos pares ordenados de números reais (x, y). Para operar com um número complexo, nós o escrevemos na forma $x + yi$, onde $i = \sqrt{-1}$, e utilizamos todas as propriedades algébricas clássicas.

Com essa definição, *i* é simplesmente o par ordenado (0, 1). Também é fácil ver que, da mesma maneira que o conjunto dos números reais contém um subconjunto idêntico ao conjunto original de números racionais, o conjunto $\mathbb{C}$ contém um subconjunto idêntico ao conjunto original de números reais. De fato, a todo número real *x* corresponde o número complexo (*x*, 0), e as operações com um ou outro são virtualmente idênticas. Por outro lado, números complexos do tipo (0, *y*) são denominados *imaginários puros*. Assim, dado o número complexo (*x*, *y*), dizemos que a sua parte real é *x* e a sua parte imaginária é *y*.

Números complexos são objetos coerentes: a soma de dois números complexos resulta num número complexo, assim como o produto. Seguem-se dois exemplos numéricos que o ajudarão a treinar um pouco a aritmética complexa:

$(1 + 2i) + (3 + 4i) =$
$(1 + 3) + 2i + 4i =$
$4 + (2 + 4)i >$
$4 + 6i$

e

$(1 + 2i)(3 + 4i) =$
$3 + 6i + 4i + 8i^2 =$
$3 - 8 + 10i =$
$-5 + 10i$

> Se você gosta de física, veja a seguinte observação: sendo v_0 a velocidade de lançamento, a o ângulo de lançamento e g a aceleração da gravidade, $a = g/(2v_0^2 \cos^2 a)$ e $b = -\operatorname{tg} a$.

Figura 9.1 – Quando uma bala de canhão é disparada, as distâncias x_1 e x_2 em que sua altura é c são as raízes de uma equação do 2° grau: $ax^2 + bx + c = 0$, em que a e b dependem da velocidade do projétil, do ângulo de lançamento e da aceleração da gravidade. À medida que c aumenta, as duas raízes se aproximam até que, quando $c = c_{max}$, $x_1 = x_2 = x_c$. Quando c fica maior que c_{max}, o discriminante b^2-4ac torna-se negativo, e as raízes x_1 e x_2 tornam-se números complexos. Fisicamente, isso significa que a maior altura possível para a bala do canhão é c_{max}. Mas o que acontece com as raízes da equação após $c = c_{max}$? Para saber, veja a Figura 9.2.

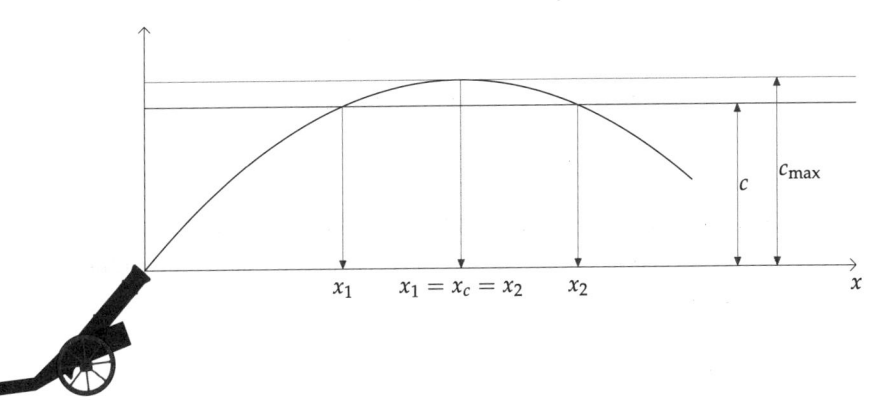

Não é de espantar que as propriedades comutativa e associativa continuem valendo:

$$(1 + 2i) + (3 + 4i) + (5 + 6i) =$$
$$9 + 12i =$$
$$(5 + 6i) + (3 + 4i) + (1 + 2i)$$

e

$(1 + 2i)(3 + 4i)(5 + 6i) =$
$-85 + 20i =$
$(5 + 6i)(3 + 4i) + (1 + 2i)$

A propriedade distributiva também vale:

$(1 + 2i)[(3 + 4i) + (5 + 6i)]$
$(1 + 2i)[8 + 10i] = -12 + 26i$

Ao mesmo tempo:

$(1 + 2i)(3 + 4i) + (1 + 2i)(5 + 6i) =$
$(-5 + 10i) + (-7 + 16i) = -12 + 26i$

Também podemos realizar subtrações:

$(1 + 2i) - (3 + 4i) = -2 - 2i$

e até mesmo divisões, embora isso seja ligeiramente mais trabalhoso, já que, para dividir, é necessário um pequeno "truque" algébrico:

$$\frac{1+2i}{3+4i} = \frac{1+2i}{3+4i} \times \frac{3-4i}{3-4i}$$
$$= \frac{(1+2i)(3-4i)}{(3+4i)(3-4i)}$$
$$= \frac{11+2i}{25} = \frac{11}{25} + \frac{2}{25}i$$

O truque que usei consiste em multiplicar o numerador e o denominador por $3 - 4i$. Este é o conjugado de $3 + 4i$:

O conjugado do número complexo $x + yi$ é $x - yi$.

Quando multiplicamos um número complexo por seu conjugado, obtemos um número real:

$$(x+yi)(x-yi) = x^2 + y^2$$

Eu vou aproveitar para definir também o **módulo** de um número complexo, que é sempre um **número real**:

$$|x+yi| = \sqrt{x^2+y^2}$$

Por falar em módulo, eu gostaria também de mencionar algo que "perdemos" (em troca, talvez, da raiz quadrada de -1) quando passamos a lidar com o conjunto dos números complexos: a **ordem**. Os conjuntos com os quais trabalhamos até o capítulo anterior eram ordenados. Tanto em $\mathbb{N}$ quanto em $\mathbb{Z}$, $\mathbb{Q}$ e $\mathbb{R}$, dados dois elementos distintos, é sempre possível dizer qual é o maior. Assim,

$$1 < 2, \ -11/6 < -5/6, \ e < 3,$$

mas simplesmente não existe uma ordem entre $3+4i$ e $4+3i$: ambos têm módulo 5, mas existe uma infinidade de outros números complexos que também têm módulo 5 (na verdade, eles formam o conjunto $\{(x,y) \mid x^2+y^2 = 25\}$). Dados dois números complexos, não é possível dizer qual é o maior.

Você deve se lembrar de que as raízes de

$$x^2 - 2x + 5 = 0$$

são os números complexos $1+2i$ e $1-2i$.

Observe, agora, que as raízes são dois números complexos conjugados entre si. Isso não é coincidência: as raízes de uma equação do 2º grau cujos coeficientes são números reais são sempre conjugadas:

A teoria das equações algébricas é o assunto do livro escrito por Garbi (1999).

$$(x - (a+bi))(x - (a-bi)) =$$
$$(x^2 - [(a+bi) + (a-bi)]\,x + (a+bi)(a-bi) =$$
$$x^2 - 2ax + (a^2 + b^2)$$

É claro que podemos ter duas raízes que não são conjugadas; porém, nesse caso, os coeficientes da equação não serão, em geral, números reais:

$$(x-1)(x-i) = x^2 - (1+i)x + i$$

Isso, entretanto, não é algo ruim: você simplesmente tem de se acostumar a ver números complexos em todo lugar.

Figura 9.2 – O "destino" das raízes x_1 e x_2 da equação $ax^2 + bx + c = 0$: até c_{max}. Existem duas raízes com partes reais distintas (x_1 e x_2 na figura), sendo que a parte imaginária dessas raízes é $y = 0$; após $c = c_{max}$, a situação se inverte: as partes reais se "juntam" no valor $x = x_c$ (depois do ponto A), enquanto passa a haver duas partes imaginárias y_1 e $y_2 = -y_1$ simétricas (depois do ponto B).

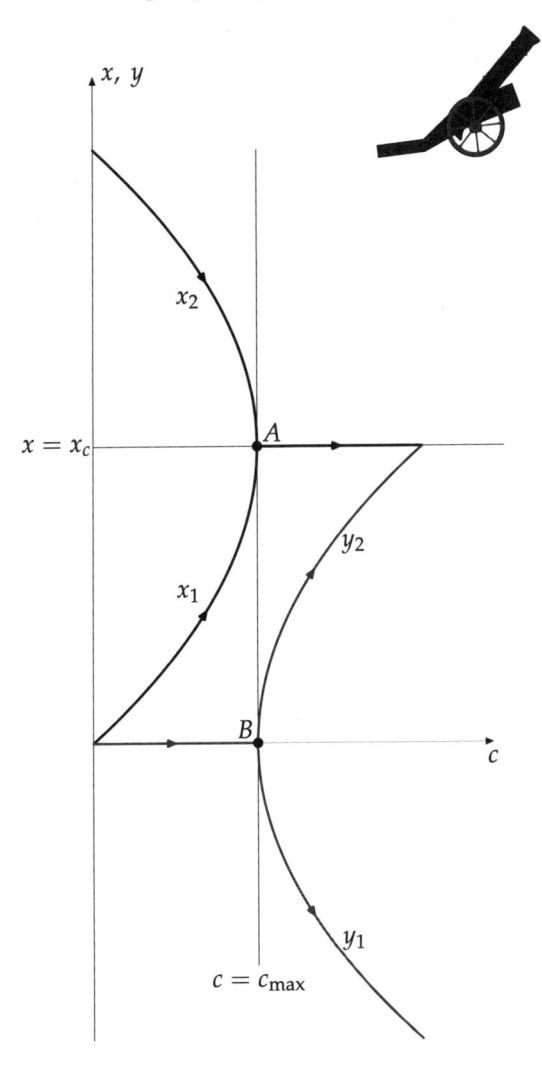

9.4 Raízes e potências

Os números complexos estão, de fato, em todo lugar. Não precisamos parar em i. Que tal

$$\sqrt{i} = \sqrt{\sqrt{-1}}?$$

Podemos calculá-lo numericamente, usando a fórmula de cálculo de raízes quadradas por meio de aproximações sucessivas, que vimos na Seção 6.4:

$$\delta z_n = \frac{i - z_n^2}{2z_n}$$

Estamos usando z_n, e não x_n, mas isso é apenas um costume (que você não precisa seguir se não quiser): (x, y) indicam, explicitamente, a parte real e imaginária do número complexo; assim, quando queremos nos referir a um número complexo como um todo, usamos $z = (x, y)$ ou $z = x + yi$. Outro detalhe: conforme comentei antes, x e y são a parte real e imaginária de z. Escrevemos:

$x = \text{Re}[z]$
$y = \text{Im}[z]$

Para calcular a raiz quadrada, precisamos, antes, calcular os quadrados z_n^2 de nossas aproximações sucessivas, em que os valores de z_n são números complexos do tipo $x + yi$. Isso não é difícil. Na verdade, já fizemos esse tipo de conta algumas vezes enquanto manipulávamos a equação do 2º grau. Veja:

$(x + yi)^2$
$x^2 + 2xyi + y^2i^2 =$
$(x^2 - y^2) + (2xy)i$

Este último resultado é também um número complexo, cuja parte real é $x^2 - y^2$ e cuja parte imaginária é $2xy$.

Na tabelas seguintes, confira o cálculo numérico da raiz quadrada de i. Como há muitas casas decimais, apresentarei o cálculo "aos pedaços". Para cada linha n, calculamos z_n^2 e δz_n. O novo valor da nossa aproximação de $\sqrt{i}$ é:

$$z_{n+1} = z_n + \delta z_n$$

Seguem-se os valores sucessivos de z_n:

n	z_n
0	1,00000000000
1	0,50000000000 + 0,50000000000i
2	0,75000000000 + 0,75000000000i
3	0,70833333333 + 0,70833333333i
4	0,70710784314 + 0,70710784314i
5	0,70710678119 + 0,70710678119i

Os valores correspondentes de z_n^2 são:

n	z_n^2
0	1,00000000000
1	0,00000000000 + 0,50000000000i
2	0,00000000000 + 1,12500000000i
3	0,00000000000 + 1,00347222222i
4	0,00000000000 + 1,00000300365i
5	0,00000000000 + 1,00000000000i

Finalmente, os valores sucessivos de δz_n são:

n	$\delta z_n = \frac{i-z_n^2}{2z_n}$
0	$-0{,}50000000000 + 0{,}50000000000i$
1	$0{,}25000000000 + 0{,}25000000000i$
2	$-0{,}04166666667 - 0{,}04166666667i$
3	$-0{,}00122549020 - 0{,}00122549020i$
4	$-0{,}00000010619 - 0{,}00000010619i$
5	$0{,}00000000000 + 0{,}00000000000i$

Poderíamos calcular também a **raiz cúbica** de i; nesse caso, as aproximações sucessivas são do tipo:

$$\delta z_n = \frac{i - z_n^3}{3z_n^2}$$

e envolvem o cálculo dos cubos z_n^3 e dos quadrados z_n^2. Para calcularmos o cubo de um número complexo, basta nos lembrarmos da fórmula do binômio:

$$(x+yi)^3$$
$$x^3 + 3x^2yi + 3xy^2i^2 + y^3i^3 =$$
$$(x^3 - 3xy^2) + (3x^2y - y^3)i$$

Novamente, temos um número complexo cuja parte real é $(x^3 - 3xy^2)$ e cuja parte imaginária é $(3x^2y - y^3)$. O mesmo tipo de raciocínio pode ser aplicado para potências de qualquer grau e, já que conhecemos a fórmula geral do binômio, está claro que podemos calcular $(x+yi)^n$ para qualquer potência inteira n.

Voltando às raízes cúbicas, usaremos nossos métodos de aproximações para calcular $\sqrt[3]{i}$. Da mesma forma que fizemos anteriormente, vamos partir de um valor inicial e refiná-lo

Expandindo os horizontes da exponenciação: os números complexos

sucessivamente, calculando $z_{n+1} = z_n + \delta z_n$. O que nós iremos descobrir é que o resultado final depende do valor inicial. Como as tabelas de cálculo da raiz cúbica são muito extensas, mostrarei apenas os resultados finais:

Valor inicial	$\sqrt[3]{i}$
1	$0,866025 + 0,500000i$
-1	$-0,866025 + 0,500000i$
i	$-i$

Algo parecido aconteceu com os números reais no Capítulo 6: quando partimos de -2 para calcular $\sqrt{2}$, obtivemos, como resposta, $-1,4142135624$. Havia, portanto, dois números que, elevados ao quadrado, eram iguais a 2. Agora, temos três respostas para a raiz cúbica de i. Existem, portanto, três números complexos que, elevados ao cubo, são iguais a i. Você pode estar se perguntando se isso é o indício de alguma regra geral. A resposta é "sim"! Ao calcularmos a raiz n de um número complexo z, encontramos n raízes distintas, dependendo do valor inicial que utilizamos no cálculo:

Se $z \in \mathbb{C}$, existem n números complexos distintos w_i tais que $w_i^n = z$, $i = 1, 2, ..., n$.

Após encontrarmos essas raízes, podemos calcular também os expoentes fracionários. Usando, por exemplo, a primeira raiz cúbica de i:

$i^{2/3} = [i^{1/3}]^2 = [0,866025 + 0,500000i]^2 =$
$0,500000 + 0,866025i$

Até aqui, você aprendeu a somar, subtrair, multiplicar, dividir e elevar números complexos do tipo $z = x + yi$ a qualquer expoente racional p/q. Essas operações são bastante avançadas: a maioria das calculadoras que realizam as nossas contas do dia a dia não podem fazer tudo isso. Além disso, a manipulação de números complexos é sempre mais complicada, como você pôde verificar ao calcular a raiz quadrada de i. Seria bom se tivéssemos uma forma alternativa de calcular expoentes e até mesmo produtos, o que tornaria a nossa tarefa um pouco mais simples. Se você acabou de lembrar que tabelas de logaritmos ajudam a multiplicar e a exponenciar, está no caminho certo: existirão logaritmos e expoentes **complexos**?

Escrever $\left(\dfrac{\sqrt{3}}{2} + \dfrac{i}{2} \right)^{2i}$ faz sentido?

A resposta é "sim" outra vez. Mais que isso: talvez você se surpreenda com o fato de que a expressão anterior seja, na verdade, um **número real**, aproximadamente 0,35092. Mas o cálculo de expressões do tipo

$$(x + yi)^{(a+bi)} = (x + yi)^a \times (x + yi)^{bi}$$

não pode ser feito "à força", já que não sabemos muito bem o que significa elevar um número – seja ele real, seja ele complexo – ao expoente imaginário i. O uso de expoentes imaginários é o assunto do nosso último capítulo.

10
Os expoentes imaginários

Quando caminhamos sem um destino definido por uma estrada de terra, não sabemos o que iremos encontrar. Existe, entretanto, um instinto, algo que nos faz prosseguir. Existe também uma esperança: a de que a caminhada tenha um bom fim. Na verdade, o prazer de observar a paisagem à nossa volta e de conhecer novos lugares é o que nos motiva a continuar. Por outro lado, a experiência é menos recompensadora quando nos deparamos, após horas de caminhada, com um beco sem saída ou, pior ainda, com uma bifurcação. Neste capítulo, nossa caminhada nos levará a algo novo. O que iremos presenciar é o encontro da álgebra com outros "caminhos", como a trigonometria e a geometria. Alegre-se! A sua caminhada está chegando ao fim.

10.1 A solução por definição

Embora não seja possível resolver logo no começo deste capítulo o significado da expressão

$$(x + yi)^{(\eta + \theta i)},$$

em que η é a letra grega *eta* e θ é a letra grega *teta*, existe uma alternativa: definir o significado de um número real elevado a um número complexo. Você deve se lembrar de que, no Capítulo 8, obtivemos a série da função exponencial:

$$e^x = 1 + x + \frac{x^2}{2!} + \frac{x^3}{3!} + \frac{x^4}{4!} + \ldots,$$

em que x era um número real. Toda a dedução dessa fórmula foi baseada em **números reais**, de forma que, talvez, você pense que deva limitar-se a eles. Pelo contrário: nossa tarefa é expandir as fronteiras, fazer novas descobertas. Se existe alguma coerência na matemática (e nós sabemos que existe), a fórmula anterior também deve fazer sentido para números complexos. Nesse caso, se

$$z = \eta + \theta i,$$

então deve ser verdade que:

$$e^z = 1 + z + \frac{z^2}{2!} + \frac{z^3}{3!} + \frac{z^4}{4!} + \ldots$$

Mas isso não é uma conjectura, e sim uma definição. Na impossibilidade de darmos um significado mais concreto a

$$e^{(\eta + \theta i)},$$

simplesmente definimos essa expressão com base na fórmula análoga para os números reais. Nesse contexto, é desejável mantermos as propriedades da exponenciação que já conhecíamos entre os números reais intocadas:

$$e^{(\eta + \theta i)} = e^\eta \times e^{\theta i}$$

O primeiro termo do lado direito, e^η, é um "velho conhecido". O segundo termo, por outro lado, é desconhecido. É sobre ele que deve recair nossa atenção. Dessa maneira, nossa definição de um expoente imaginário é:

$$e^{\theta i} = 1 + \theta i + \frac{(\theta i)^2}{2!} + \frac{(\theta i)^3}{3!} + \frac{(\theta i)^4}{4!} + \cdots$$

Conforme vimos no Capítulo 8, é muito mais rápido convergir para um limite usando essa série do que calculando o limite original, que define e, e^x e até mesmo $e^{\theta i}$:

$$e^{\theta i} = \lim_{n \to \infty} \left(1 + \frac{\theta i}{n}\right)^n$$

A vantagem da série do Capítulo 8 é que cada um dos seus termos pode ser calculado separadamente, sem que seja necessário passar para o limite. Além disso, cada um dos termos é uma potência facilmente calculável. Por exemplo:

$$\frac{(\theta i)^4}{4!} = \frac{\theta^4}{24}$$

No Capítulo 8, nós deduzimos a série anterior a partir do limite ao lado. Portanto, ambas as definições de $e^{\theta i}$ são equivalentes.

O fato importante aqui é que $e^{\theta i}$ **é um número complexo**. De fato:

$$i^0 = 1$$
$$i^1 = i$$
$$i^2 = -1$$
$$i^3 = -i$$
$$i^4 = 1$$
$$\cdots$$

Note que existe um caráter cíclico nos expoentes inteiros de i, assim como nos expoentes inteiros de -1. Isso significa que podemos explicitar os expoentes de i na série de $e^{\theta i}$:

$$e^{\theta i} = 1 + \theta i - \frac{\theta^2}{2!} - \frac{\theta^3}{3!}i + \frac{\theta^4}{4!} + \cdots$$

A série, agora, inclui termos puramente reais:

$$1 - \frac{\theta^2}{2!} + \frac{\theta^4}{4!} - \cdots$$

e imaginários:

$$\theta i - \frac{\theta^3}{3!}i + \ldots$$

Isso significa que existem **duas** séries: uma formando a **parte real** de $e^{\theta i}$ e outra formando a **parte imaginária**. Escrevemos:

$$e^{\theta i} = X(\theta) + Y(\theta)i,$$

em que $X(\theta)$ e $Y(\theta)$ são duas novas funções reais da variável real θ. A situação melhorou consideravelmente, já que nossa tarefa de entender expoentes imaginários se restringiu a entender as funções $X(\theta)$ e $Y(\theta)$.

Para que fizéssemos isso da maneira mais correta possível, seria necessário estudar uma matemática mais avançada. Na verdade, já é uma certa ousadia falar de séries e números complexos em um livro que começou de maneira tão simples. Mesmo assim, é possível avançar usando os resultados obtidos até aqui.

Para começar, $X(\theta)$ e $Y(\theta)$ são definidos da mesma forma que e^x, ou seja, por **séries**:

$$X(\theta) = 1 - \frac{\theta^2}{2!} + \frac{\theta^4}{4!} - \ldots$$

$$Y(\theta) = \theta - \frac{\theta^3}{3!} + \frac{\theta^5}{5!} - \ldots$$

Observe que $X(\theta)$ só tem potências **pares** de θ, enquanto $Y(\theta)$ só tem potências ímpares. Portanto, $X(-\theta) = X(\theta)$, enquanto $Y(-\theta) = -Y(\theta)$. Funções com o comportamento de X e o de Y têm um nome em matemática:

> Se f é uma função definida sobre um domínio simétrico de $\mathbb{R}$, se $f(-x) = f(x)$, dizemos que f é uma **função par**. Por outro lado, *se $f(-x) = -f(x)$*, dizemos que f é uma **função ímpar**.

Em seguida, é possível notar que o módulo de $e^{\theta i}$ é sempre igual a 1: lembre-se de que o módulo de um número complexo é a raiz quadrada do produto desse número pelo seu conjugado. Então:

$$\begin{aligned}|e^{\theta i}| &= \sqrt{[X(\theta) + Y(\theta)i][X(\theta) - Y(\theta)i]} \\ &= \sqrt{e^{\theta i} \times e^{-\theta i}} \\ &= \sqrt{e^{(\theta i - \theta i)}} \\ &= \sqrt{e^0} \\ &= \sqrt{1} \\ &= 1\end{aligned}$$

Isso, por sua vez, significa que:

$$[X(\theta)]^2 + [Y(\theta)]^2 = 1$$

com

$$-1 \leq X(\theta) \leq +1 \text{ e } -1 \leq Y(\theta) \leq +1$$

Note que usei o fato de que

$$e^{-\theta i} = X(\theta) - Y(\theta)i,$$

que é facilmente verificável, lembrando que $X(\theta)$ é uma função par e que $Y(\theta)$ é uma função ímpar.

10.2 Os ciclos de $e^{\theta i}$

Para entendermos o comportamento de expoentes complexos, precisamos de um mecanismo substituto, na falta de ferramentas matemáticas mais sofisticadas. Nosso mecanismo será caminhar com θ por meio de pequenos incrementos positivos $\delta\theta$. Com esses pequenos valores, podemos usar apenas os dois primeiros termos da série da função exponencial:

$$e^{\theta i} \approx 1 + \delta\theta i$$

É conveniente classificarmos $e^{\theta i}$, em função dos sinais de $X(\theta)$ e $Y(\theta)$, em **quadrantes**:

quadrante	$X(\theta)$	$Y(\theta)$
1º	$X > 0$	$Y > 0$
2º	$X < 0$	$Y > 0$
3º	$X < 0$	$Y < 0$
4º	$X > 0$	$Y < 0$

Agora, partindo-se do zero, multiplicações sucessivas por $e^{\theta i}$ produzem:

$$e^{0i} = 1$$
$$e^{(0+\delta\theta i)} \approx 1 \times (1 + \delta\theta i)$$
$$e^{(\delta\theta i + \delta\theta i)} \approx (1 + \delta\theta i)^2$$
$$= (1 - \delta\theta^2) + (2\delta\theta)i$$
$$\vdots$$
$$e^{(\delta\theta i + \ldots + \delta\theta i)} \approx (1 + \delta\theta i)^n$$

O resultado da quarta linha anterior está claramente no primeiro quadrante:

$$1 - \delta\theta^2 > 0$$
$$2\delta\theta > 0$$

Assim, podemos, em princípio, alcançar qualquer valor de θ somando um número suficiente de $\delta\theta$ nos expoentes do lado esquerdo da lista anterior, calculando os produtos do lado direito e verificando a que quadrante eles pertencem. Observe que, enquanto os resultados estão no primeiro quadrante, os valores de X decrescem sucessivamente, enquanto os de Y

crescem: em algum momento, X chegará a 0, e Y chegará a 1. Isso ocorrerá simultaneamente, pois $X^2 + Y^2 = 1$.

Uma maneira mais inteligente de fazer, entretanto, é a partir de algum valor:

$$e^{\theta i} = X + Yi,$$

supondo que esse valor esteja em um dos quatro quadrantes. Em seguida, é necessário adicionar $\delta\theta i$ ao expoente e estudar o que acontece:

$$e^{(\theta + \delta\theta)i} = e^{\theta i} \times e^{\delta\theta i}$$
$$\approx (X + Yi)(1 + \delta\theta i)$$
$$= (X - Y\delta\theta) + (Y + X\delta\theta)i$$

Isso significa que **variar** θ de uma pequena quantidade $\delta\theta$ causa as seguintes variações em X e Y:

$\delta X = - Y\delta\theta$
$\delta Y = + X\delta\theta$

Os sinais de δX e de δY dependem do quadrante:

quadrante	X	Y	δX	δY
1º	>0	>0	<0	>0
2º	<0	>0	<0	<0
3º	<0	<0	>0	<0
4º	>0	<0	>0	>0

Observe que X troca de sinal entre o primeiro e o segundo quadrantes: na divisa, $X = 0$ e $Y = 1$; Y troca de sinal entre o segundo e o terceiro quadrantes: na divisa, $Y = 0$ e $X = -1$; X troca novamente de sinal entre o terceiro e o quarto quadrantes:

na divisa, $X = 0$ e $Y = -1$. "Como saber isso?", você deve estar se perguntando. Simples: sempre que X ou Y são nulos, o outro deve ser ± 1, pois $X^2 + Y^2 = 1$. Para encontrar o sinal correto, basta estudarmos a tabela anterior.

Finalmente, continuando a incrementar θ quando $e^{\theta i}$ está no quarto quadrante, Y trocará novamente de sinal; passaremos, então, por $X = 1$ e $Y = 0$ e voltaremos ao primeiro quadrante. Em outras palavras, as funções $X(\theta)$ e $Y(\theta)$ são cíclicas – ou periódicas:

> Dizemos que uma função $f(x)$ é periódica com período P quando existe algum número real $P > 0$ tal que $f(x + P) = f(x)$. O menor P existente é o período da função f (naturalmente, a relação anterior também vale para $2P$, $3P$, ...).

A prova de que as funções $X(\theta)$ e $Y(\theta)$ são ambas funções periódicas é bastante simples, pois se baseia numa propriedade da função exponencial que já encontramos inúmeras vezes nesta obra:

$$e^{(\alpha + \beta)i} = e^{\alpha i} \times e^{\beta i}$$

Agora, usando a fórmula

$$e^{\theta i} = X(\theta) + Y(\theta)i$$

em ambos os lados:

$$\begin{aligned} X(\alpha + \beta) + Y(\alpha + \beta)i &= [X(\alpha) + Y(\alpha)i][X(\beta) + Y(\beta)i] \\ &= [X(\alpha)X(\beta) - Y(\alpha)Y(\beta)] + \\ &\quad [X(\alpha)Y(\beta) + X(\beta)Y(\alpha)]i \end{aligned}$$

Igualando as partes real e imaginária, temos:

$$X(\alpha + \beta) = X(\alpha)X(\beta) - Y(\alpha)Y(\beta)$$
$$Y(\alpha + \beta) = X(\alpha)Y(\beta) + X(\beta)Y(\alpha)$$

Essas são relações extraordinárias porque, conhecendo os valores das funções X e Y em dois pontos distintos, podemos calculá-las em muitos outros pontos. Mas antes de desvendarmos de uma vez por todas "as caras" de X e Y, eis a prova de sua periodicidade: na tabela anterior, saímos do ponto $e^{\theta i} = 1$ e adicionamos $\delta\theta$'s sucessivos. Assim, passeamos pelos quadrantes 1, 2, 3 e 4 até voltarmos ao primeiro; nesse ponto, temos um valor $\theta = P$ diferente de zero e positivo tal que $e^{Pi} = 1$ novamente:

$X(P) = 1$
$Y(P) = 0$

Agora, fazendo $\beta = P$ nas equações que acabamos de deduzir, temos:

$$X(\alpha + P) = X(\alpha) \times 1 - Y(\alpha) \times 0 = X(\alpha)$$
$$Y(\alpha + P) = X(\alpha) \times 0 + Y(\alpha) \times 1 = Y(\alpha)$$

Isso prova que X e Y são funções periódicas.

10.3 O número mais famoso do mundo

De acordo com a ordem natural das coisas, o número $e = 2,7182818285...$ veio primeiro neste livro. Entretanto, há um número muito mais antigo que ele, com o qual você, provavelmente, teve contato na escola. Ele é chamado de π (a letra grega *pi*). Como você já deve saber, o nosso *"tour"* de θ nos levou aos pares $(X, Y) = (1, 0), (0, 1), (-1,0), (0, -1)$. Cada um deles corresponde a um θ diferente (e crescente), até que $e^{Pi} = 1 + 0i$

novamente, em que $P > 0$. Os valores de θ em todos os pontos anteriores são notáveis e, além disso, estão intimamente relacionados (conforme você verá em seguida), de forma que basta elegermos qualquer um deles para definir π. Por motivos históricos, a escolha recai sobre o θ que produz $(X, Y) = (-1, 0)$:

> O número π é definido pela relação
>
> $$e^{\pi i} = -1$$

Talvez isso cause estranheza, já que, na escola, provavelmente lhe ensinaram que π é igual à razão entre o perímetro e o diâmetro do círculo. "Então, o que ele está fazendo no expoente de e?", você deve estar se perguntando. A resposta é que a álgebra, a geometria e a trigonometria estão profundamente conectadas, e a definição algébrica de π é justamente o elo entre elas. Daqui a pouco você verá uma explicação mais completa sobre isso, e que essa definição de π é totalmente coerente com a geometria.

Nossa definição de π não é completa, pois ainda não nos permite encontrar seu valor. Acontece que π é um número irracional, $\pi \notin \mathbb{Q}$, e deve poder ser expresso por uma sequência de números racionais, assim como aconteceu com $\sqrt{2}$.

Para obter uma sequência para π, extraia a **enésima** raiz da definição anterior:

$$e^{\frac{\pi i}{n}} = (-1)^{\frac{1}{n}}$$

Se n for grande, o módulo de

$$\delta z = \frac{\pi i}{n}$$

será um número positivo bem menor que 1, e então poderemos usar a aproximação

$$e^{\delta z} \approx 1 + \delta z$$

donde:

$$1 + \frac{\pi i}{n} \approx (-1)^{\frac{1}{n}}$$

Igualando as partes imaginárias, temos:

$$\pi \approx n \operatorname{Im}\left[(-1)^{\frac{1}{n}}\right]$$

Ou, para sermos mais precisos:

$$\pi = \lim_{n \to \infty} n \operatorname{Im}\left[(-1)^{\frac{1}{n}}\right]$$

Para obtermos uma sequência para π, tudo o que precisamos fazer é calcular a expressão anterior para valores sucessivos de

$$n_k = 2^k$$

Isso significa calcular raízes quadradas sucessivas de números complexos, a partir de $k = 1$. Os valores aproximados de π na série serão, então, dados por:

$$p_k = 2^k \operatorname{Im}\left[(-1)^{\frac{1}{2^k}}\right]$$

A tabela a seguir mostra o cálculo da série para π.

k	$(-1)^{\frac{1}{2^k}}$	$2^k \operatorname{Im}\left[(-1)^{\frac{1}{2^k}}\right]$
0	1	0,00000000000
1	i	1,00000000000
2	$0,70710678119 + 0,70710678119i$	2,82842712476
3	$0,92387953251 + 0,38268343237i$	3,06146745896

k	$(-1)^{\frac{1}{2^k}}$	$2^k \operatorname{Im}\left[(-1)^{\frac{1}{2^k}}\right]$
4	$0,98078528040 + 0,19509032202i$	3,12144515232
5	$0,99518472667 + 0,09801714033i$	3,13654849056
6	$0,99879545620 + 0,04906767433i$	3,14033115712
7	$0,99969881869 + 0,02454122852i$	3,14127725056
8	$0,99992470184 + 0,01227153828i$	3,14151379968
9	$0,99998117528 + 0,00613588465i$	3,14157294080
10	$0,99999529381 + 0,00306795676i$	3,14158772224
11	$0,99999882345 + 0,00153398018i$	3,14159140864
12	$0,99999970586 + 0,00076699032i$	3,14159235072
13	$0,99999992646 + 0,00038349519i$	3,14159259648
14	$0,99999998161 + 0,00019174760i$	3,14159267840
15	$0,99999999540 + 0,00009587380i$	3,14159267840
16	$0,99999999885 + 0,00004793690i$	3,14159267840

A segunda coluna da tabela anterior se refere às raízes quadradas sucessivas a partir de $k = 1$:

$$i, \ \sqrt{i}, \ \sqrt{\sqrt{i}}, \ \ldots$$

Você já sabe calcular as raízes quadradas de qualquer número complexo por meio da repetição do mesmo método de aproximações que usamos com os números reais e que acabamos de rever no Capítulo 9. A nossa tabela, entretanto, apresenta um pequeno problema: por uma questão de estética e espaço, sempre imprimimos $(-1)^{1/2^k}$ com onze casas decimais. Como a parte imaginária tende a zero, no final da tabela há apenas sete dígitos significativos, e não mais onze, para o cálculo de π. O resultado disso é que os três últimos valores da série não se alteram mais, sendo que podemos calcular apenas sete casas decimais significativas: $\pi \approx 3{,}1415926$. Computadores e calculadoras não trabalham assim; mesmo que imprimam menos dígitos, eles costumam trabalhar com uma precisão fixa, a qual depende de cada tipo de processador – que, por sua vez, é uma espécie de cérebro do computador ou da calculadora. No entanto, sete casas decimais são mais que o necessário na prática. Além disso, praticamente todas as calculadoras científicas têm uma tecla (*pi*) que já lhe dá o valor diretamente. O valor de π com onze casas decimais é:

$$\pi \approx 3{,}141592265359$$

É impossível não nos espantarmos com a sequência obtida: partindo de -1 e calculando raízes quadradas sucessivamente, fomos capazes de obter π!

10.4 Desvendando $X(\theta)$ e $Y(\theta)$

Agora que sabemos o valor de π, e que

$$e^{\pi i} = -1,$$

não será difícil criarmos uma tabela de valores de $X(\theta)$ e $Y(\theta)$ em valores convenientes de θ. Primeiramente, notamos que o período P das funções X e Y é igual a 2π:

$$e^{2\pi i} = e^{(\pi i + \pi i)} = e^{\pi i} \times e^{\pi i} \; (-1) \times (-1) = 1$$

Esse é o mesmo valor da exponencial complexa em $\theta = 0$. Para conhecermos X e Y, basta aplicar a série

$$e^{\theta i} = 1 + \theta i - \frac{\theta^2}{2!} - \frac{\theta^3}{3!}i + \frac{\theta^4}{4!} - \dots$$

a cada valor de θ que desejarmos, mas também podemos calcular X e Y analiticamente (ou seja, sem recorrer a cálculos numéricos utilizando uma calculadora ou um computador) em alguns valores notáveis de θ, que são frações de π. Isso pode ser feito simplesmente mediante as fórmulas de soma que deduzimos anteriormente quando provamos que $X(\theta)$ e $Y(\theta)$ são funções periódicas:

$$X(\alpha + \beta) = X(\alpha)X(\beta) - Y(\alpha)Y(\beta)$$
$$Y(\alpha + \beta) = X(\alpha)Y(\beta) + X(\beta)Y(\alpha)$$

Essas fórmulas são particularmente simples quando $\alpha = \beta$:

$$X(2\alpha) = [X(\alpha)]^2 - [Y(\alpha)]^2$$
$$Y(2\alpha) = 2X(\alpha)Y(\alpha)$$

Na primeira equação anterior, substituindo

$$[Y(\alpha)]^2 = 1 - [X(\alpha)]^2,$$

obtemos:

$$X(\alpha) = \pm\sqrt{\frac{1 + X(2\alpha)}{2}}$$

Na segunda,

$$Y(\alpha) = \frac{Y(2\alpha)}{2X(\alpha)}$$

partindo de $2\alpha = \pi$, obtemos:

α	$X(\alpha)$	$Y(\alpha)$
$\pi/2$	0	1
$\pi/4$	$\sqrt{2}/2$	$\sqrt{2}/2$

Também é possível obtermos os valores de X e Y em $\theta = \pi/3$, com um pouco mais de trabalho. O segredo é aplicar as fórmulas da soma duas vezes. Note que $\pi = \pi/3 + 2\pi/3$. Então:

$-1 = X(\pi)$
$= X(\pi/3 + 2\pi/3)$
$= X(\pi/3)X(2\pi/3) - Y(\pi/3)Y(2\pi/3)$

$0 = Y(\pi)$
$= Y(\pi/3 + 2\pi/3)$
$= X(\pi/3)Y(2\pi/3) - Y(\pi/3)X(2\pi/3)$

Se

$x = X(\pi/3)$
$y = Y(\pi/3)$,

então as fórmulas da soma para $\alpha = \beta$ resultarão no seguinte:

$X(2\pi/3) = x^2 - y^2$
$Y(2\pi/3) = 2xy$

Agora, obtemos:

$-1 = x^3 - 3xy^2$
$0 = 3x^2y - y^3$

A dependência de y com x resulta da segunda equação. Substituindo-a na primeira e trabalhando um pouco a álgebra:

$$x^3 = \frac{1}{8} \Rightarrow x = X(\pi/3) = \frac{1}{2} \text{ e } y = Y(\pi/3) = \frac{\sqrt{3}}{2}$$

A aplicação da fórmula da soma nos levaria facilmente a X e Y em $\theta = \pi/6$. Assim, para θ entre 0 e $\pi/2$, seguem-se alguns valores de $X(\theta)$ e $Y(\theta)$ com precisão infinita para os chamados *arcos notáveis*: $\theta = \pi/6, \pi/4, \pi/3$.

θ	$X(\theta)$	$Y(\theta)$
0	1	0
$\pi/6$	$\dfrac{1}{2}$	$\dfrac{\sqrt{3}}{2}$
$\pi/4$	$\dfrac{\sqrt{2}}{2}$	$\dfrac{\sqrt{2}}{2}$
$\pi/3$	$\dfrac{\sqrt{3}}{2}$	$\dfrac{1}{2}$

10.5 Geometria e trigonometria

Até aqui, você aprendeu sobre os números, seus conjuntos e os símbolos que os representam. Estes, por sua vez, formam um subconjunto da matemática, denominado *álgebra*.

Entretanto, as sutilezas dos objetos presentes no mundo são captadas, pela maioria dos seres humanos, por meio do sentido da visão. Assim, talvez fosse inevitável que, mais cedo ou mais tarde, o homem relacionasse formas e figuras com os números. Com isso, nasceu a **geometria**, que abordaremos apenas brevemente neste livro.

A geometria, como você deve saber, trata de pontos, retas, planos e figuras geométricas (círculos, quadrados, triângulos e retângulos, entre outros). Trata também de figuras tridimensionais, como esferas, cubos, cones e prismas.

Os triângulos são figuras geométricas planas bastante simples (com três lados, são as figuras fechadas planas mais simples que existem). Quando dois lados de um triângulo formam um ângulo reto (90 graus), temos um triângulo retângulo. As relações entre os diversos lados de um triângulo retângulo são tão importantes que ganharam um nome específico: *trigonometria*. Vejamos a relação entre a álgebra e a geometria.

Com uma régua, um compasso, um lápis e uma borracha, é possível desenhar uma reta, marcar um ponto (a origem O) e escolher uma unidade de medida sobre ela, conforme é mostrado na Figura 10.1. Em seguida, podemos marcar muitos pontos igualmente espaçados em ambos os lados da origem e dizer que cada um deles é um número **inteiro**. Subdivisões de cada segmento, obtidas em partes iguais, originarão números **racionais**; porém, mesmo assim, ainda haverá pontos sobrando, que correspondem aos números irracionais. Dessa maneira, cada ponto da reta corresponderá, então, a um número real.

Na Figura 10.1, marquei os números inteiros $-2, -1, 0, 1, 2$, o número racional $1/3$ e o número irracional $\sqrt{2}$, cujo ponto sobre a reta pode ser obtido com o conhecimento de um pouco de geometria (em particular, o Teorema de Pitágoras). Com o auxílio de um compasso, constrói-se um quadrado (tracejado) de lado 1, sendo que a distância $\overline{OB}$ é $\sqrt{1^2 + 1^2} = \sqrt{2}$, que é igual a $\overline{OB'}$. Embora isso não seja nenhuma prova, talvez o convença de que é razoável associar pontos geométricos com números reais.

O Teorema de Pitágoras é mundialmente famoso: num triângulo retângulo, "o quadrado da hipotenusa é igual à soma dos quadrados dos catetos". Para saber mais, veja Simonsen (1994).

Figura 10.1 – Um ponto sobre uma reta representa um número real

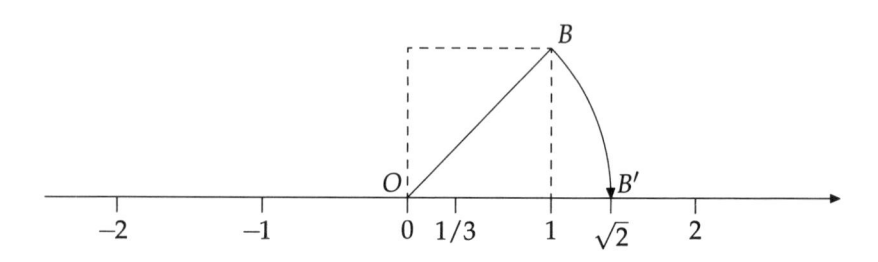

Embora não seja possível construir um plano com régua, compasso, lápis e borracha, isso não faz diferença, já que o plano é uma idealização, inspirada em formas concretas, como o tampo de uma mesa, a folha de papel sobre a qual se escreve ou, ainda, a tela de um computador.

Figura 10.2 – Em um plano, um ponto representa um número complexo

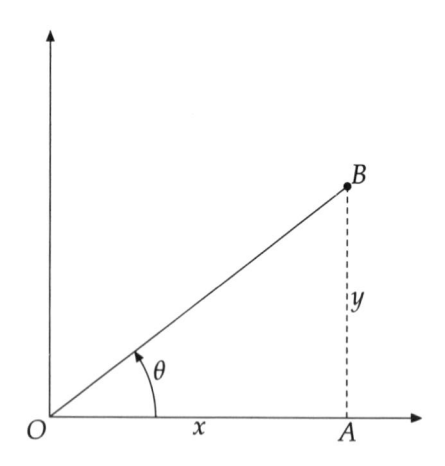

Ainda podemos traçar **duas** retas mutuamente perpendiculares em um plano e estabelecer sua origem na interseção dessas retas. Assim, para chegar ao ponto B (Figura 10.2), caminhamos x unidades ao longo da reta Ox até o ponto A. Depois, paramos e, em seguida, caminhamos y unidades paralelamente à reta Oy. Pronto: estamos no ponto B.

Da mesma forma que fizemos com números reais, podemos associar ao ponto B o seguinte número complexo:

$$z = x + yi$$

Isso nos permite interpretar geometricamente os números complexos e também relacionar $e^{\theta i}$ com a geometria e a trigonometria. Para entender isso, considere o número complexo:

$$z = re^{\theta i} = \underbrace{rX(\theta)}_{x} + \underbrace{rY(\theta)}_{y} i$$

As partes real e imaginária de z são:

$$\text{Re}[z] = x = rX(\theta) \Rightarrow X(\theta) = \frac{x}{r}$$
$$\text{Im}[z] = y = rY(\theta) \Rightarrow Y(\theta) = \frac{y}{r}$$

e o seu módulo é:

$$|z| = \sqrt{x^2 + y^2} = r\sqrt{[X(\theta)]^2 + [Y(\theta)]^2} = r$$

Olhando a Figura 10.2 e tentando lembrar-se um pouco de conceitos da geometria e da trigonometria, você verá o seguinte: OAB é um triângulo retângulo; seus catetos são $\overline{OA} = x$ e $\overline{AB} = y$; e a hipotenusa é $\overline{OB} = \sqrt{x^2 + y^2} = r$. No entanto, essa é a mesma relação que obtivemos anteriormente, apenas por meio da álgebra, para |z|. Isso quer dizer que podemos interpretar o módulo de um número complexo, geometricamente, como a distância entre o ponto B (x, y) e a origem O.

Agora, um pouco de trigonometria: em um triângulo retângulo, as definições de *cosseno* e *seno* são as seguintes:

$$\cos(\theta) = \frac{\text{cateto adjacente}}{\text{hipotenusa}} = \frac{x}{r}$$

$$\text{sen}(\theta) = \frac{\text{cateto oposto}}{\text{hipotenusa}} = \frac{y}{r}$$

Novamente, você deve estar percebendo que essas operações correspondem às funções $X(\theta)$ e $Y(\theta)$. A conclusão é, portanto, inevitável: θ é o **ângulo** que o segmento $\overline{OB}$ faz com o eixo dos x, sendo que:

$X(\theta) = \cos(\theta)$
$Y(\theta) = \text{sen}(\theta)$

Dizemos que θ é o **argumento** do número complexo z:

> Se $z = x + yi = e^{\theta i}$ é um número complexo qualquer, então, $|z| = \sqrt{x^2 + y^2} = r$ é o módulo de z, e $\arg(z) = \theta$ é o seu argumento.

Dizemos também que um número complexo escrito como $re^{\theta i}$ está na forma **polar**.

Existe, portanto, um elo entre números complexos e a trigonometria: mesmo que a trigonometria dos triângulos e dos argumentos geométricos não tivesse sido inventada, a trigonometria dos números complexos – gerada pelas funções $X(\theta)$ e $Y(\theta)$ – teria aparecido mais cedo ou mais tarde. Neste último capítulo, desenvolvemos uma trigonometria "algébrica" sem jamais falar em ângulos ou triângulos, sendo que até mesmo o número π foi descoberto algebricamente.

Mudando os nomes e chamando X de *cosseno* e Y de *seno*, a fórmula para $e^{\theta i}$ é:

$e^{\theta i} = \cos(\theta) + \text{sen}(\theta)i$

Com essa fórmula, nós já obtivemos as identidades trigonométricas:

$\cos^2(\theta) + \text{sen}^2(\theta) = 1$
$\cos(\alpha + \beta) = \cos(\alpha)\cos(\beta) - \text{sen}(\alpha)\text{sen}(\beta)$
$\text{sen}(\alpha + \beta) = \text{sen}(\alpha)\cos(\beta) + \cos(\alpha)\text{sen}(\beta)$

Figura 10.3 – Ângulos em um círculo de raio unitário

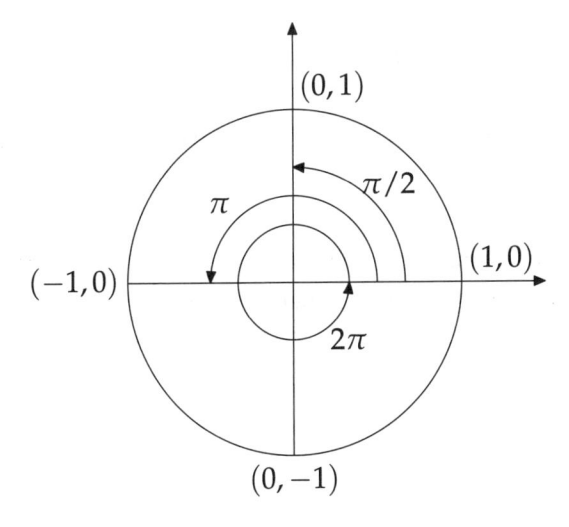

Também sabemos que θ é um ângulo. Na Figura 10.3, $\theta = \pi/2$ corresponde ao ponto (0, 1) em um círculo de raio unitário em torno da origem, $\theta = \pi$ corresponde a (−1, 0) e $\theta = 2\pi$ corresponde a uma volta inteira a partir do ponto (1, 0) e de volta a ele.

A definição geométrica de π, que você, possivelmente, aprendeu na escola, é a seguinte: a relação entre o comprimento de arco l e o ângulo θ em um círculo de raio r é

$$l = r\theta$$

Em uma volta completa, $l = p$ (o perímetro do círculo), sendo que o ângulo de uma volta completa é definido como 2π radianos. Então:

$$p = 2\pi r = \pi D,$$

em que D é o diâmetro do círculo. Assim, $\pi = p/D$: π é a razão entre o perímetro do círculo e o seu diâmetro.

Na Figura 10.3, $r = 1$ e π é o comprimento da semicircunferência que vai de (1, 0) a (−1, 0) no sentido contrário ao dos ponteiros de um relógio. Como não poderia deixar de ser, a definição geométrica de π é 100% compatível com nossa definição:

$$e^{\pi i} = -1$$

Podemos também refazer a tabela de valores de funções trigonométricas muito facilmente. Confira:

θ	$\cos(\theta)$	$\text{sen}(\theta)$
0	1	0
$\pi/6$	$\dfrac{1}{2}$	$\dfrac{\sqrt{3}}{2}$
$\pi/4$	$\dfrac{\sqrt{2}}{2}$	$\dfrac{\sqrt{2}}{2}$
$\pi/3$	$\dfrac{\sqrt{3}}{2}$	$\dfrac{1}{2}$
$\pi/2$	0	1
π	-1	0
2π	1	0

10.6 A forma polar

Da mesma forma que os logaritmos nos auxiliam a calcular produtos transformando-os em somas, exponenciais complexas são muito úteis para fazermos cálculos de produtos e exponenciações em geral com números complexos. Vamos, por exemplo, calcular o produto $z_1 \times z_2$ com

$$z_1 = x_1 + y_1 i = \frac{5\sqrt{3}}{2} + \frac{5}{2}i$$

$$z_2 = x_2 + y_2 i = 2\sqrt{2} + 2\sqrt{2}i$$

Primeiramente, calculamos seus módulos:

$$|z_1| = \sqrt{(5\sqrt{3}/2)^2 + (5/2)^2} = 5$$
$$|z_2| = \sqrt{(2\sqrt{2})^2 + (2\sqrt{2})^2} = 4$$

Em seguida, temos de colocá-los em evidência:

$$z_1 = 5\left(\frac{\sqrt{3}}{2} + \frac{1}{2}i\right)$$
$$z_2 = 4\left(\frac{\sqrt{2}}{2} + \frac{\sqrt{2}}{2}i\right)$$

Observando a tabela de senos e cossenos de que dispomos, é fácil reconhecer que:

$$z_1 = 5(\cos(\pi/6) + \text{sen}(\pi/6)i) = 5e^{(\pi/6)i}$$
$$z_2 = 4(\cos(\pi/4) + \text{sen}(\pi/4)i) = 4e^{(\pi/4)i}$$

Então:

$$\begin{aligned}
z_1 \times z_2 &= 5e^{(\pi/6)i} \times 4e^{(\pi/4)i} \\
&= 5 \times 4 \times e^{(\pi/6 + \pi/4)i} \\
&= 20 \times e^{\frac{5\pi}{12}i} \\
&= 20 \times (\cos(5\pi/12) + \text{sen}(5\pi/12)i) \\
&= 5{,}176381 + 19{,}318517i
\end{aligned}$$

O valor numérico da última linha precisa ser obtido numa tabela trigonométrica mais completa – ou, então, numa calculadora que tenha as operações de seno e cosseno. Também é importante lembrar que nossos ângulos estão medidos entre 0 e 2π radianos, que é o nome que se dá à unidade de ângulo que estamos empregando, e não entre 0 e 360 graus, que é como os

Os expoentes imaginários 235

transferidores e as bússolas são divididos. Como $360° = 2\pi$, é possível converter radianos em graus com uma regra de três.

É claro que esse é um exemplo fácil, escolhido para que a tabela trigonométrica com os arcos notáveis $\pi/6$, $\pi/4$, $\pi/3$ seja útil. Muitos problemas de matemática do ensino médio ocorrem da mesma forma. Entretanto, mesmo que os ângulos não fossem tão óbvios, eles seriam calculáveis por meio de uma tabela trigonométrica mais extensa ou de uma máquina de calcular. Para elaborarmos exemplos mais instigantes, precisaríamos de mais prática em trigonometria. Lembre-se: os números complexos e a trigonometria andam juntos. Por isso, para ficar "craque" em contas com números complexos, você precisa "dominar" também a trigonometria.

Resta-me mostrar para você como se calcula um número complexo elevado a outro número complexo. Vale lembrar que essa é a operação mais "complexa" que se pode imaginar! Considere a seguinte operação:

$$z = \left(\frac{\sqrt{3}}{2} + \frac{1}{2}i\right)^{(1+2i)}$$

O expoente de uma soma é igual ao produto dos expoentes, certo?

$$z = \left(\frac{\sqrt{3}}{2} + \frac{1}{2}i\right)^{1} \times \left(\frac{\sqrt{3}}{2} + \frac{1}{2}i\right)^{2i}$$

A primeira parte é um número complexo perfeitamente válido, que deixarei como está: o expoente 1 nos "poupa" da exponenciação de um número complexo a um número real, que, de qualquer forma, já sabemos fazer. A segunda parte é bastante fácil; do exemplo de multiplicação, já sabemos que:

$$\left(\frac{\sqrt{3}}{2} + \frac{1}{2}i\right) = e^{(\pi/6)i}$$

Então:

$$\begin{aligned}
z &= \left(\frac{\sqrt{3}}{2} + \frac{1}{2}i\right) \times \left(e^{(\pi/6)i}\right)^{(2i)} \\
&= \left(\frac{\sqrt{3}}{2} + \frac{1}{2}i\right) \times e^{\frac{\pi}{3}i^2} \\
&= \left(\frac{\sqrt{3}}{2} + \frac{1}{2}i\right) \times e^{-\frac{\pi}{3}} \\
&= \left(\frac{\sqrt{3}}{2} + \frac{1}{2}i\right) \times 0{,}350920 \\
&= 0{,}303905 + 0{,}175460i
\end{aligned}$$

Exceto pelos valores numéricos que, nesse exemplo, foram simples, não existe nada conceitualmente tão complicado quanto a operação que acabamos de calcular.

Considerações finais

Dificilmente você precisará resolver operações complexas no seu dia a dia. No entanto, como você já deve saber, existem operações com números complexos por trás de praticamente tudo o que nos rodeia: das pontes pelas quais passamos até os caminhões que vemos nas estradas. As asas dos aviões escondem igualmente números complexos, pois a velocidade do ar que escoa sobre e sob elas pode ser compreendida em termos de uma função complexa. Também os elétrons dos átomos das moléculas que constituem o universo são regidos por uma equação que envolve números complexos, e o vento que sopra sobre os campos, quando "se quebra em mil redemoinhos", o faz segundo leis e equações que são muito mais simples quando expressas em números complexos.

Mesmo que nada disso lhe interesse neste momento de sua vida, você poderá retornar às páginas deste livro sempre que quiser. Quando você fizer isso, entrará em um edifício elegante e complexo, erguido passo a passo, "número por número", bloco por bloco de conhecimento. Além de enormemente útil, esse é um dos prédios mais belos que a mente humana já foi capaz de construir.

Referências

CALLET, F. **Tables de logarithmes**. Paris: Institut de la Marine, 1883.

DANTZIG, T. **Número**: a linguagem da ciência. Rio de Janeiro: Zahar, 1970.

DIEUDONNÉ, J. **Pour l'honneur de l'esprit humain**: les mathématiques aujourd'hui. Paris: Hachette/Pluriel, 1987.

FEYNMAN, R. P.; LEIGHTON, R. B.; SANDS, M. **The Feynman Lectures on Physics**. New York: Addison-Wesley, 1963.

GARBI, G. G. **O romance das equações algébricas**. São Paulo: Makron Books, 1999.

MERMIN, N. D. **Boojums All the Way Through**: Communicating Science in a Prosaic Age. Cambridge: Cambridge University Press, 1990.

RUSSEL, B. **Introduction to Mathematical Philosophy**. New York: Touchstone, 1919.

SIMONSEN, M. H. **Ensaios analíticos**. Rio de Janeiro: Ed. da FGV, 1994.

SPIVAK, M. **Calculus**. London: Addison-Wesley, 1973.

Sobre o autor

Nelson Luís Dias é formado em Engenharia Civil pela Universidade Federal do Rio de Janeiro (UFRJ). Possui mestrado em Engenharia Civil pela COPPE/UFRJ e doutorado em Engenharia Civil e Ambiental pela Universidade Cornell (EUA). Atualmente, é professor associado do Departamento de Engenharia Ambiental da Universidade Federal do Paraná (UFPR), onde leciona disciplinas de graduação e pós-graduação de matemática aplicada à engenharia, mecânica dos fluidos e turbulência, entre outras. Seus interesses de pesquisa incluem hidrologia, meteorologia da camada-limite atmosférica e escoamentos turbulentos.

Os papéis utilizados neste livro, certificados por instituições ambientais competentes, são recicláveis, provenientes de fontes renováveis e, portanto, um meio responsável e natural de informação e conhecimento.

FSC
www.fsc.org
MISTO
Papel produzido a partir de fontes responsáveis
FSC® C107644

Impressão: Gráfica Mona
Dezembro/2017